古今北京水资源考察

韩光辉 等著

中国国际广播出版社

图书在版编目（CIP）数据

古今北京水资源考察 / 韩光辉等著. —北京：中国国际广播出版社，2020.1

ISBN 978-7-5078-4565-5

Ⅰ. ① 古… Ⅱ. ① 韩… Ⅲ. ① 水资源管理—研究—北京 Ⅳ. ①TV213.4

中国版本图书馆CIP数据核字（2019）第222379号

古今北京水资源考察

著　　者	韩光辉 等
策　　划	张娟平
责任编辑	高　婧　张娟平
版式设计	国广设计室
责任校对	张　娜
出版发行	中国国际广播出版社［010-83139469　010-83139489（传真）］
社　　址	北京市西城区天宁寺前街2号北院A座一层 邮编：100055
网　　址	www.chirp.com.cn
经　　销	新华书店
印　　刷	天津市新科印刷有限公司
开　　本	710×1000　1/16
字　　数	150千字
印　　张	11.5
版　　次	2020 年 1 月　北京第一版
印　　次	2020 年 1 月　第一次印刷
定　　价	56.00 元

CRI 中国国际广播出版社　欢迎关注本社新浪官方微博　官方网站 www.chirp.cn

目录

前　言

北京坐落在西山山麓潜水溢出带前沿，永定河、潮白河下游，金代以前具有丰富的地表水和地下水资源。金元建都以来上游大量砍伐森林，过牧草场，致使上游流域植被退化。下游北京地区人口不断增长，漕运、园林用水日益扩大，水资源的开发成为历朝统治者必须解决的问题。新中国成立后，尤其20世纪80年代以来，随着人类活动对自然生态干扰的不断增强，北京上游水源涵养区湿地萎缩，井泉干涸；另外，北京地区城市用水日益增加，地下水埋深不断加深，严重缺水一直影响着北京城市发展和居民生活质量的提高，已引起广泛关注。正是在这一背景下，我们展开了这一研究，希望通过对上游水资源的调查与历史经验的总结为当今北京水资源问题的解决提供借鉴与参考。

课题自启动以来，首先进行了资料的全面搜集，系统查阅了北京及其上游水源地相关历史文献、档案和统计资料，深入研究区域，进行了广泛的野外考察和典型社会调查，获得了不少一手、原始资料。这些工作具体包括：

一、系统查阅文献、档案和统计资料。由于本课题时间跨度长，覆盖面广，研究过程中需要多种文献资料的共同支持。主要为：1. 历史文献资料，包括金代以来的正史、私家著述、文人笔记，元代以来研究区内传统地方志资料，明清两代实录、档案等。这种类型资料多为定性描述，为复原封建时期北京及上游水资源状况提供了重要依据。2. 民国尤其新中国成立以来的统计资料，包括北京及上游地区的人口统计、经济发展数据、土地利用方式调查、气象数据、水文数据等。这类数据多为定量描述，为准确把握研究区人地关系提供了数据支持。3. 近代海河水文观测资料、河流治理工程和规划等。4. 研究区大比例尺地形图与卫星遥感影像及其他相关专题地图的搜集，为本研究提供了空间数据支持。

二、大范围野外考察和社会调查。2010年和2011年暑假期间，课题组先后两次对滦河上源和潮河流域的丰宁、滦平、承德等县市进行了实地考察。随后对北京另一重要水源地张家口市进行了水资源考察，主要开展了沽源、赤城、宣化、涿鹿、崇礼的调查。

三、2010年至2012年暑假和寒假期间，针对下游水资源我们考察了海河的治理工程，包括近代水利工程遗存等。考察了永定河出山口至北运河段的水利工程，也对北运河、潮白河、南运河等河流，七里海、塌河淀等湿地进行了考察。

四、上游考察溯源而上，直达滦、潮、白河源头。考察途中，在当地政府的协助下，多方搜集地方档案文献和统计资料。三次考察均进行了大量实地采访，了解了当地政府群众对供水北京的态度和诉求。这些调查不仅获得了大量一手资料，也对北京上游水资源状况和当地政府、群众的态度有了直观认识，为开展进一步研究打下了良好的基础。

五、搜集、阅读、整理国内外有关解决水资源短缺问题的论著。他山之石，可以攻玉，水资源的短缺可以说是一个全球性的问题。通过对国外水资源管理经验的了解，可以开拓我们解决水资源短缺问题的思路，其中某些先进的管理经验值得借鉴。

在以上工作的基础上，课题组取得了本书中一系列研究成果。

研究过程中承德、张家口和保定市政府给予课题组野外考察和资料收集等方面许多帮助，在此向他们表示衷心感谢。京津地区的水资源短缺问题还将持续相当长的一个时期，而且是该地区面临的主要问题之一，这一问题的解决不可能一蹴而就（2015年北京市人均水资源占有量仅有123m^3）。通过“金元建都以来北京水源上游生态环境演变对北京地区水资源开发利用的影响及启示”与“北京水资源的应用历史地理学思考与研究”等课题研究，我们认为在南水北调实现满足供水北京、天津各十亿立方米的情况下，仍需要呼吁从全局出发，打破行政区划人为分割完整流域的现实，建立流域生态补偿制度，实现上游水资源补给区的生态环境治理和上下游水资源整合调度，以保障北京、天津供水安全与水资源可持续利用。

一、历史时期北京水资源及其文化景观

众所周知，水是生命之源。地球上的生命，无论是动物还是植物，都离不开水。同样，地球上的聚落，无论是城市还是村镇，也都离不开水，因为大大小小、各种各样的聚落都是人们生活居住、生息繁衍的地方。人类是离不开水的。所以，一个城市或一个村镇的形成与发展，都与水息息相关。

我们伟大祖国的首都——北京，已有三千多年的发展历史了。她的最初名称叫作“蓟”。《史记·周本纪》记载：周武王灭商，“追思先圣王，乃褒封……黄帝之后于祝，帝尧之后于蓟”。但《礼记·乐记》记载：“（周）武王克殷反商，未及下车，而封黄帝之后于蓟，封帝尧之后于祝。”说的与《史记》正相反。何是何非，实难判定。《吕氏春秋·慎大览》谓“武王胜殷，入殷，未及下舆（车），命封黄帝之后于铸，封帝尧之后于黎。”按“铸”当指祝，“黎”当指蓟。看来还是《史记》的说法较可信。这标志着“蓟”作为一个城市已于西周初年形成。其具体位于广安门内外一带。《史记·周本纪》还说：在周武王褒封几位先圣王的后人之后，又“封功臣谋士”，其中“封召公奭于燕”，可见“燕”（有的文物史籍上作“匽”“郾”“匽”等）也是西周初已出现的一个城市，在今房山区琉璃河镇董家林一带。蓟和燕是差不多同时出现的两个城市，蓟是蓟国之都，燕是燕国之都，二者相距近百里。关于蓟和燕的关系，唐朝人张守节在《史记·正义》中解释得较为清楚。他说：“封帝尧之后于蓟，封召公奭于燕，观其文稍似重也。《水经注》云：‘蓟城内西北隅有蓟丘，因取名焉。’……徐才宗《国都城记》云：‘周武王封召公奭于燕，地在燕山之野，故国取名焉。’按周封以五等之爵。蓟、燕两国俱武王立，因燕山、蓟丘（应将蓟丘置于燕山前）为名，其地足自立国。蓟微燕盛，乃并蓟居之，蓟名遂绝焉。今（指唐代）幽州蓟县，古燕国也。”至于在何年何月，强燕吞并弱蓟，并徙都于蓟，原来有学者根据《韩非子·有度篇》所谓“燕襄王以（黄）河为境，以蓟为国”之说，认为燕襄王就是春秋中期的燕襄公，也就是说，至迟在春秋中期燕国已灭蓟国，并迁都蓟城。1997 年，北京市文物研究所陈平研究员在《北京文博》（1997 年第 2 期）发表题为《燕亳与蓟城的再探讨》一文，不仅论证了《韩非子》所说的燕襄王就是战国中后期的燕昭王，因为燕昭王双谥，即燕昭襄王，亦可单谥称燕昭王或燕襄王，而且指出燕国并蓟而迁都于蓟当在西周中、晚期。春秋战国时，蓟城为燕国上都（因燕另有中都，在良乡；有下都，在河北易县）。秦为广阳郡治。西汉为广阳国治。东汉为幽州及广阳郡治。其后，历魏、晋、前燕、后燕、北魏、北齐、北周等大小不同的王朝，蓟或为幽州及燕国治，或为幽州及燕郡治。继而，隋为涿郡治，唐为幽州及范阳郡治。总之，自秦汉至隋唐，蓟城都是州、郡（国）、县治所，只有前燕慕容儁曾都蓟城数年。《太平寰宇记》卷 69 记载：“蓟城南北九里，东西七里，开十门。”据此可知，蓟城已是周垣三十二里的一个大城了。若以今尺折合，也有二十四里。

五代晋主石敬瑭为酬谢契丹援立之功，将燕云之地十六州拱手割让契丹，幽州为其一。契丹会同元年（938 年），升幽州为南京，又称燕京，府曰析津，幽州成为契丹辽国的五京之一。如果说此前的蓟城都是地方州、郡治所，那么，此后不仅“蓟城”地名消失，而且原蓟城的城市性质和功能也发生了根本性的改变，成为辽王朝的一个陪都。辽南京城沿袭唐幽州城（蓟城）。

12 世纪初，生活在东北白山、黑水间的女真部族渐渐强盛起来。1115 年，其首领完颜旻创立金国，建都会宁府（今哈尔滨市南之阿城）。至完颜亮（海陵王）贞元元年（1153 年），金室迁都燕京，并改燕京为中都。从此，幽燕之地正式成为一个封建王朝的都城。金中都是在辽南京的基础上，向东、南、西三面扩建而成，周垣长达三十六里。有文献记载说，其外还有长达七十五里的外郭。

13 世纪初，蒙古民族在北方草原上兴起。1206 年，其首领成吉思汗统一蒙古各部，建立蒙古国，建都和林（在蒙古境内），并不断向四方出击。金宣宗贞祐二年（1214 年），迫于北方蒙古军的威胁，金室迁都汴京。次年，蒙古军攻占燕京，一座宏伟的中都城遭到战火的严重破坏。忽必烈继位后，先在滦河上游建都，名开平府。至元四年（1267 年），在金中都城的东北郊经过科学的规划设计后，兴建一座周垣六十里、规模更宏大的新都城，这就是元大都，置大都路。当时意大利著名的旅行家马可波罗盛赞元大都“设计的精巧和美观，简直非语言所能描述”。

明朝建立，初都金陵（南京）。洪武元年（1368 年）八月，大将徐达率明军攻克元大都，改名北平，置北平府，并废弃元大都的北部，向南收缩五里另筑北平北城墙，即德胜门、安定门东西一线城墙。洪武三年（1370 年）四月，封皇四子朱棣为燕王。洪武十三年（1380 年）三月，燕王朱棣就国，镇守北平。洪武帝死后，传位于皇长孙朱允炆，是为建文帝，结果引发了一场皇室争位夺权的内斗，史称“靖难”之役，其主角就是燕王朱棣。燕王“靖难”成功后，登上皇位，建元永乐。永乐元年（1403 年）正月，改北平名北京，为京师。这是北京得名之始。同年二月，改北平府为顺天府。永乐四年（1406 年），始大规模地营建北京宫殿城池。永乐七年（1409 年），又在昌平天寿山营建皇陵。至永乐十八年（1420 年）底，北京宫殿、宗庙、郊社、王府陆续建成，明王朝遂正式迁都北京。在永乐年间营建北京城时，为了将太庙、社稷坛建在紫禁城前，曾将原北平城的南墙向南移建二里，即崇文门、正阳门、宣武门一线城墙。也就是说，永乐年间建的北京城比原北平城向南拓展二里。这就是后人所称的北京内城，周垣约四十里。嘉靖年间，为防御蒙古人内扰，又增筑长二十八里的外城。内、外城结合，形成北京城的“凸”字形城郭。

1644 年，清军入关，明朝灭亡。清沿明旧，定都北京。但有清一代，在北京城市建设上，除在西北郊海淀附近大规模营建号称“三山五园”，即畅春园、圆明园、万寿山清漪园、玉泉山静明园、香山静宜园等皇家园林外，相对而言，在北京城里没有多少大的新建工程，有的只是修修补补，至多只是增建几座宫殿、王府、寺庙而已。清末，因英法联军和八国联军先后打进北京，不仅使西郊皇家园林大都化为废墟，而且北京城内也出现近现代西方文化，如东交民巷使馆区、外国医院、铁路与火车站、公路与汽车站等。

1912 年中华民国建立，北京仍是国都。1928 年，国民政府以南京为都，改北京名北平，设特别市，后降为北平市。1937 年“卢沟桥事变”后，北平沦陷，日寇占领北平，改称北京，但国民仍称北平。1945 年日本投降后，国民党军占据北平，直到 1949 年初北平和平解放。民国间，陆续拆除皇城墙和部分外城墙，并用拆下来的城砖将城内一些河道改造成暗渠和街道，如赵登禹路、佟麟阁路、新华街、南河沿、正义路等。这是民国间北平城最引人注目的变化。

1949 年 10 月 1 日中华人民共和国诞生，至今已七十年。其间，北京城的发展变化之大之快，为任何一个历史时期所不及。城墙的拆除、天安门广场的改造、长安大街的展宽延伸、城区的扩展、新道路的开辟、高楼群的耸立，等等，大家有目共睹，毋庸赘言。

以上简要叙述了北京城的历史发展过程，目的在于为后面深入说明水与北京城的关系做必要的铺垫。可以说，北京城经历过的每一个历史阶段，都与北京的水密不可分。那么，古今北京的水又是怎样的状况呢？

（一）历史上北京的水资源

北京地处华北大平原的北端。在地质上，处于华北大平原沉降带与太行山、燕山山脉隆起带的交接部，东北—西南向和西北—东南向的断层较多。其西部、北部、东北部多山地，分属太行山、军都山、燕山山脉。东南部为平原，人称“北京小平原”。北京小平原本是一个海湾，向西北伸入太行山、军都山与燕山接连处的怀抱，人称“北京湾”。20世纪初，美国地质学家贝利·维理斯将这片三面环山、一面开敞的小平原称为“北平湾”。在第四纪更新世初期，这里的确曾经是一个海湾，海水一度长驱直入达到今天的顺义一带。

在漫长的地质年代里，在古永定河（曾名治水、灅水、桑乾河、卢沟河、浑河等）、古温榆河（曾名关沟、榆河、灅馀水、易荆水、富河等）、古潮河（曾名鲍邱水、潮鲤河、东潞水、窝头河、濕濕河等）、古白河（曾名沽水、白溆河、西潞水、笥沟等）、古拒马河（曾名涞水、圣水、涿水等）、古洵河（曾名洵水、泇水、五百沟水等）五大水系的淤积之下，首先在山麓地带形成许多大小不等的洪积冲积扇。这些大小不等的洪积冲积扇在各条水系的长期淤积作用下，不断发育，或面积扩展，或地势增高，或随着河水流量的增减而改变发育速度，或随着河水的改道而改变发育方向。甚至人类耕垦土地、凿渠灌溉、砍伐林木、修路筑坝等生产活动，也会对各河洪积冲积扇的发育产生一定程度的影响。最终这些大小不等的各河的洪积冲积扇联为一体，许多小洪积冲积扇甚至被大的洪积冲积扇吞并、掩埋，结果发育成总体上是西北高、东南低的北京小平原。北京地区的地形特点对该地区的河流流向、泉湖分布都有直接的影响。

北京地区属暖温带半湿润大陆性季风气候。夏季多东南风，炎热多雨；冬季多西北风，寒冷干燥。多年平均年降雨量为500毫米—600毫米，但年际变化很大，最多时达1400多毫米，最少时仅200余毫米；而且地区分配不均，怀柔枣树林、平谷将军关、房山磁家务地区是北京地区的三大多雨中心，年降雨量都在800毫米以上；而山后延庆区年降雨量一般在400毫米以下。北京气候的特点也深刻影响着北京的水文。

北京西部、北部山区，历史上森林茂密，植被良好。在宋辽人所绘的地图中，在永定河、潮白河上游流域清晰地标有“松林数千里”或“松林广数千里”字样。这对于涵养北京地区几条较大河流上游流域的水源具有重要意义。自金、元以来，随着北京城市建设的发展和需要，北京几条较大河流上游流域的森林植被渐遭破坏，导致水土流失加剧，河水泥沙增多。因此，北京几条大河上游流域森林植被的原生状态与后来的人为破坏，也与北京的水有密切关系。

1. 五大水系水量大

北京地区有永定河、潮白河、温榆河、拒马河、泃河五大水系，皆属海河水系成员。若以温榆河为中轴，潮白河、泃河居左，河道略呈C形，或者说像括号的左边，即先从东北向西南流，又转向东南流；而永定河、拒马河居右，河道略呈反C形，或者说像括号的右边，即先从西南向东北流，又转向东南流。从整体上看，这五大河流如同一个巨大的蘑菇，上游流域广阔张开，如同蘑菇的盖部；中游收拢靠近，如同蘑菇的茎部；下游又略散开，如同蘑菇的根部。北京这五大河流的流势特点对于北京市域来说有利有弊。其利是可将上游广阔流域的雨水、泉水汇集起来，输送到北京地区，使北京地区的水量大大增多；其弊是若遇到多雨年，上游广阔流域的雨水会从西南、西北、东北几个方向集中向北京地区倾泻，容易加重北京地区的水灾。历史上永定河、潮白河等同时发大水的现象多有发生。

当然，这五大河流还有许多支流。仅就北京地区来说，温榆河有南沙河、西沙河、东沙河、孟祖河、蔺沟、牤牛河、清河、坝河、小中河、大通河、凉水河、萧太后河等。永定河有妫水河、（大）清水河、（小）清水河、湫河、苇甸沟、樱桃沟等。潮白河有黑河、天河、汤河、渣汰河、琉璃河、白马关河、牤牛河、安达木河、清水河、红门川、沙河、雁栖河、怀沙河、怀九河、蔡家河、箭杆河等。拒马河有六鞍沟、千河口东沟、胡良河、夹括河、马刨泉河、大石河（琉璃河）、刺猬河、小清河等。泃河有将军关石河、黄松峪石河、鱼子山石河、错河（洳河）、金鸡河、龙泉务石河等。这些大小支流分别汇入五大河干流，形成北京地区的水系网，将北京地区的雨水、泉水皆汇纳五大河流中。

北京的五大河流，历史上水量都很大。不用说像永定河、潮白河等常常决口泛滥，给京南、京东平原地区造成严重水灾，只要看一看有些河流能够通漕行船就可想而知了。

从北京到通州的通惠河以及通州以下的潮白河河道，是京杭大运河最北段的河道。元、明、清三朝的六百多年间，京杭大运河的漕运长盛不衰，每年有数百万石的米粮从南方运到北京，元代积水潭（今什刹海）里出现“舳舻蔽水”的盛况，这段河道的水量之大，毋庸多说。当然，这段河道的水量是由潮白河、温榆河、白浮瓮山河、浑河北派（凉水河）等多条河水汇集而成的。此外，坝河在元代也是通漕的主要河道。明代，从通州溯潮白河而上，漕船可抵达密云城下。从通州至昌平沙河镇间的温榆河也能通漕。清代，由沙子营向西南至青龙桥的清河可行驶小船转漕，所以清代在青龙桥建有大型粮仓，以供“三山五园”支用。另据1917年成书的《大中华京兆地理志》的记载，民国初期，平谷的洵河仍有从北塘沿蓟运河而来的商船，直达平谷城南的寺渠；房山的琉璃河（大石河），也有从天津沿大清河、白沟而来的商船，直达房山的磁家务。这些商船上行多运来工业产品和生活日用商品，下行则运走粮食、棉花、果品等，而从房山还多运走煤炭。既然有这么多的河道可通漕行船，这些河道的水量之大，可想而知。但是，现在北京地区的大小河流大都成为涓涓细流，甚至断流了。其原因后面还要谈到。

2. 无数泉眼出水旺

泉是地下水出露地表的水文现象。过去，无论是北京的山间山麓，还是平原洼地，都有许多大泉、名泉、泉群。泉水之旺，恐怕今天的北京市民很难想象了。

众所周知，玉泉山的玉泉是最有名的大泉，是金、元、明、清北京城重要的水源。《大明一统志》卷1云："玉泉，在玉泉山东北，泉出石罅间，因凿石为螭头，泉从螭口喷出，鸣若杂佩，色若素练，味极甘美。潴而为池，广三丈许。池东跨小石桥，水经桥下东流入西湖，为'京师八景'之一，名曰'玉泉垂虹'。"明蒋一葵著《长安客话》卷3云：玉泉山，"山以泉名。泉出石罅间，潴而为池，广三丈许，名玉泉池。池内如明珠万斛，拥起不绝，知为源也。水色清而碧，细石流沙，绿藻翠荇，一一可辨。"清吴长元著《宸垣识略》卷14云：玉泉山"沙痕石隙，随地皆泉。山阳有巨穴，泉喷而上，淙淙有声，或名之'喷雪泉'。有御书'玉泉趵突'四字，为'燕京八景'之一。"《日下旧闻考》卷85引《白岩集》云："玉泉山泉出如沸，滀为池，清可鉴毛发。此西湖之源也。"玉泉水之旺之清，由此可见一斑。

昌平南的白浮泉，元代大科学家郭守敬经过精心的勘察设计，导引为白浮瓮山河（白浮堰），注入瓮山泊（今昆明湖的前身），成为通惠河的主要水源，为通惠河漕运做出了重要贡献。昌平西南四里的百泉庄有百泉。《嘉庆重修一统志·顺天府·山川》记载："百泉在昌平州西南四里许，平地涌出，不可胜数。大者有三：一曰原泉，清深澈底；一曰黄泉，流沙浑漫；一曰响泉，其声似闻。然广宽俱不过丈许。"据此可知，昌平西南百泉庄处曾有大型泉群。《大明一统志·顺天府·山川》云：在昌平天寿山西南有九龙池，"泉出九穴，穴凿石为龙吻，水从吻喷出，潴而为池，缭以短垣，盖备临幸处也。"此外，在昌平西南还有一亩泉、沙涧泉、冷水泉、马刨泉，昌平西北有虎眼泉，昌平东部有抱榆泉和小汤山的温泉等。

海淀镇西万泉庄是又一处大型泉群，清代在这里建有泉宗庙，说明这处大泉群的重要性。其中有31个泉，乾隆皇帝皆赐以嘉名，并立石以志，如大沙泉、小沙泉、沸泉、滮泉、屑金泉、冰壶泉、锦澜泉、规泉、露华泉、鉴空泉、印月泉、藕泉、跃鱼泉、松风泉、晴碧泉、白榆泉、桃花泉、琴脉泉、杏泉、澮泉、浏泉、洗钵泉、浣花泉、漱石泉、乳花泉、漪竹泉、柳泉、枫泉、云津泉、月泉、贯珠泉等。俱见《日下旧闻考》卷79。难怪此地称万泉庄呢！万泉庄泉水北流为巴沟（今称万泉河），明代皇亲李伟创建的清华园和米万钟营建的勺园，都是借助此泉水。清代，万泉庄泉水又成为皇家畅春园、圆明园及附近各官僚贵族私园的主要水源。

顺义东北狐奴山下的狐奴泉，下流为阳沟水，即今箭杆河。东汉渔阳郡太守张堪屯狐奴，开辟稻田八千顷，教民种稻，民得以殷富。灌溉稻田的水所赖就是狐奴泉。

在丰台镇东北不远处有水头庄、前后泥洼等村，过去这里也是泉水随地涌出的地方。因为泉多水旺，道路泥泞，有个和尚发誓要背土将道路垫好，但辛辛苦苦地干了三年，也未能如愿，原因就是他边垫边被水浸，终是泥泞不堪。由于这里泉多水旺，适宜种菜，故明代上林苑统管的嘉蔬署就设在这里。嘉蔬署是负责为皇宫供应各种蔬菜的衙门。大批为皇家种菜的菜农集中居住在附近，于是有了菜户营、南菜园这样的村庄和地名。

即使在京南的平原地区，泉水也很多。《日下旧闻考》卷74在清乾隆三十六年（1771年）《御制海子行诗》云："元明以来南海子，周环一百六十里。七十二泉非信征，五海至今诚有此。诸水实为凤河源，藉以荡浑防运穿。……"其中，在"七十二泉非信征"句下注："《日下旧闻》称（南苑）有水泉七十二处，近经细勘，则团河（在南苑西南部）之泉可指数者九十有四，一亩泉也有二十三泉，较旧数殆赢其半。稗野无征，大率类此。"又在"藉以荡浑防运穿"句下注云："海子内泉源所聚曰一亩泉，曰团河，而潴水则有五海子。考一亩泉在新衙门之北，曲折东南流，经旧衙门南至二闸，凉水河自海子外西北来入苑汇之。其水发源右安门外之水头庄，东流，折而南入海子北墙，至此又南流，五海子之减水自西南注之。又东南流出海子东墙，过马驹桥至张家湾入运。团河在黄村门内，导而东南流，迳晾鹰台，南过南红门，五海子之水自卑注之。又东流出海子东南，是为凤河。……”可见，在京南较低洼的南苑内，清代仍然有许多泉眼。

此外，在房山区的甘池，海淀区的清河、马刨泉，昌平区的象房、旧县、钟家营，平谷区的龙家务、将军关，怀柔区的珍珠泉、水泉峪，延庆区百眼泉、阪泉、珍珠泉等地，都有较多较大的泉。就不一一细说了。

泉多水旺是北京地下水资源丰富的反映。但是，历史文献中记载的北京众多的大泉名泉，现在大都枯竭了。

3. 众多湖泊水面广

现在，除了北京城内的什刹海、北海、中南海，北京西郊的昆明湖、玉渊潭、莲花池等之外，人们在北京地区很难再看到带有自然形成的韵味的湖泊了。但是，历史上北京地区自然形成的湖泊却很多，而且水面很广。

1500 年前，北魏大地理学家郦道元所撰《水经注》中记载，在今通州东部（包括今河北三河市、香河县的部分地区）有两个大湖泊，一个名夏泽，“纡曲渚一十余里”；其北是佩谦泽，“渺望无垠”。可以想见，这两个湖泊水面是很广阔的，特别是佩谦泽，“渺望无垠”。

今天广安门外的莲花池，《水经注》中称为大湖、西湖，说“湖有二源，水俱出（蓟）县西北平地，导源流结西湖。湖东西二里，南北三里，盖燕之旧池也。渌水澄澹，川庭望远，亦为游瞩之胜所也。”原来莲花池是一个周边足有十里的大湖。这对于今天居住在附近的居民来说，恐怕很难想到，甚至是不相信的。

在辽金时期，今通州南部有一个大湖泊，名叫延芳淀。《辽史·地理志》记载：“延芳淀方数百里，春时鹅鹜所聚，夏秋多菱芡。国主春猎，卫士皆衣墨绿，各持连锤、鹰食、刺鹅锥，列水次，相去五七步。

上风击鼓，惊鹅稍离水面。国主亲放海东青鹘擒之。鹅坠，恐鹘力不胜，在列者以佩锥刺鹅，急取其脑饲鹘。得头鹅者，例赏银绢。”这里不仅说了延芳淀的大小景色，而且详细述说了辽帝在延芳淀打猎的情况。如果今天在北京平原地区出现一个方圆数百里的湖泊，大家不妨想一想，那是怎样的一番壮观景象啊！

到了元代，延芳淀离析成五个稍小的湖泊，分别叫作南辛庄飞放泊、栲栳垡飞放泊、马家庄飞放泊、柳林海子、延芳淀。其中，南辛庄飞放泊在通州区南部德仁务、永乐店地区；栲栳垡飞放泊在通州南部东垡村、西垡村一带；马家庄飞放泊在通州张家湾南；柳林海子在通州中南部柳营一带；延芳淀在通州西南麦庄一带。这些飞放泊中多有水鸟栖息觅食，故仍然是元帝常去打猎的地方。特别是在柳林海子，元代建有大型皇家行宫，其地就在通州南部柳营、南北大化、路观等村一带。直到清代中后期，延芳淀才完全消失，衍为平陆。可见，延芳淀由大到小也存在了七八百年的时间。

在辽南京北郊的高梁河故道里，形成一带状湖泊群，这就是今什刹海、北海、中海的前身。这一带状湖泊群在辽代以前的史书中绝对见不到记载。如果这一带状湖泊群早已存在，那么，至少在《水经注》中不会不记上几笔。然而《水经注》却只字未提。北宋初期，宋仁宗想率军北伐幽蓟（辽国），诏命群臣献计献策。时任礼部尚书的宋琪是幽州蓟县（今北京）人，对幽州的地理情况应了如指掌。但宋琪进言：“……其桑乾河属燕城（辽南京城）北隅，绕西壁而转。大军如至城下，于燕丹陵东北横堰此水，灌入高梁河，高梁岸狭，桑水必溢。可于驻跸寺（在今公主坟西北隅普惠里）东引入郊亭淀（在京东大郊亭、小郊亭之间），三五日弥漫百余里，即幽州隔在水南。王师可于（幽）州北系浮梁以通北路，贼骑来援，已隔水矣。” 宋琪的建言应该是实事求是的。但根据宋琪的说法，在宋辽初期，蓟城东北郊尚没有大面积的湖泊。如果当时已有什刹海、北海、中海的水域，宋琪是不会不知道并不加以利用的。但宋琪根本未提到幽州蓟城北有大串的湖泊。这不能不使人想到，什刹海及其相关的水泊是辽代形成的。联系到辽代在今通州南境形成方圆数百里的延芳淀，更令人相信什刹海等水泊是辽、金间始形成的。这区水泊金代始见记载，称白莲潭，并在此建有金室离宫万宁宫。元代称积水潭或海子。元世祖建大都城时，积水潭成为大都城规划设计的依托和标尺。其南部圈入皇城，别称太液池。明代北部始称什刹海。就什刹海来说，元明时期水面比现在要大得多。鼓楼至德胜门斜街以南、柳荫街以东地区都曾是元积水潭水域。德胜门外以西、护城河之北，原来也是元积水潭的一部分，明初隔在北平城外，后别称太平湖。

海淀镇以西、颐和园之东，原来也是湖泊湿地，明代有南海淀、北海淀之分，又通称丹稜沜，是万泉庄众多泉水潴积的结果。《帝京景物略》卷 5 云："水所聚曰淀。高梁桥西北十里，平地出泉焉。滮滮四去，潨潨草木泽之，洞洞磬折以参伍，为十余奠潴。北曰北海淀，南曰南海淀。或曰巴沟水也。水田龟坼，沟塍册册，远树绿以青青，远风无闻而有色。巴沟自青龙桥东南入于淀。淀南五里，丹稜沜。沜南，陂者六，达白石桥，与高粱水并。沜而西，广可舟矣。"《日下旧闻考》卷 76 载清康熙皇帝《御制畅春园记》，开篇即说："都城西直门外十二里曰海淀，淀有南有北。自万泉庄平地涌泉，奔流瀰瀰，汇于丹稜沜。沜之大，以百顷，沃野平畴，澄波远岫，绮合绣错，盖神皋之胜区也。"就连今昆明湖的北边和西边，清代还有裂帛湖、高水湖、养水湖等湖泊。

在南苑地区，元明清时湖泊也很多，元代通称下马飞放泊，明代多称南海子，后来又有头海子、二海子、三海子等称谓。正是因为这里湖多水盛，水草丰美，适宜飞禽野兽栖息，生态环境良好，故明永乐年间修建了四周长达一百二十里的垣墙，将这一大片土地围了起来，变成皇家禁地，设海户看守，这就是南苑，俗称南海子。南苑不单是明清帝王打围狩猎之地，还是练兵习武的场所。

此外，在朝阳区南部，宋辽时有郊亭淀，现有的大郊亭、小郊亭地名，大致可以指示郊亭淀的位置和范围。在朝阳区的北部，宋辽时有个较大湖泊，名叫凉淀，是辽帝打猎行围的去处之一。其地大致在黄港、北甸一带。在朝阳区东北部，明代尚有个金盏儿淀，广袤三顷，即三百多亩地的面积。

总而言之，历史上北京地区的湖泊多矣，水面广矣。

4. 凿地汲水水井多

井是人们开发利用地下水的一种形式和方法。过去，北京地区有多少水井，恐怕没有人去做过全面的调查和统计。清末，朱一新所撰《京师坊巷志稿》中，在逐一记载北京内外城街巷胡同的同时，也记下了各条街巷胡同里的水井数。根据该书的记载粗略统计，清以前北京内外城共有水井 1265 眼。其中，内城有 707 眼，外城有 558 眼。这个数字肯定是保守的，因为在某些较为集中和规范的胡同里，在一些私家园林中，在一些佛寺道庙内，不见有井的记载，这是令人十分怀疑的。其中，水井最多最密集的地区是外城西南隅的白纸坊、牛街一带，这里约有 135 眼井，约占全城水井中总数的 10.6%，这与这一地区为古蓟城至金中都城期间的老城区有关系。老北京城区水井多，不仅说明过去北京城区地下水资源丰富并埋藏较浅，而且说明井水是老北京城区居民生活所依赖的主要水源。

值得特别一提的是，北京地区过去有不少的满井。满井就是水满至井口甚至外溢自流的井。《帝京景物略》记载：“出安定门外，循古壕而东五里，见古井，井面五尺，无收有榦，榦石三尺，井高于地，泉高于井，四时不落，百亩一润，所谓滥泉也。”这里的满井是明代北京城居民初春首游之地。无独有偶，在德胜门外也有一处满井。《日下旧闻考》记载：“德胜门之西北东鹰房村有称为满井者，广可丈余，围以砖甃，泉味清甘，四时不竭，水溢于地，流数百步而为池，居人汲饮赖之。蔬畦相错，灌溉甚广。盖郊北之水来自西山，泉源随地涌出，固无足异。”在北京科技大学（钢铁学院）东部，旧有满井村，当即其地。此外，在昌平沙河镇北有满井东、满井西两个村，在石景山区北部也有个满井村，在朝阳区南部十八里店北还有个满井村，说明这些地方都曾有满井。北京的满井何其多，昔日北京地区的地下水资源何其丰富！

5. 因水得名地名众

地名是人们为某一地域或地理实体所进行的命名。千千万万、大大小小、形形色色的地名中，每一个地名的命名都是有根有据的。在北京市，有一大批用河、沟、海、湖、淀、泊、潭、池、泉、井、湾、渠、塘、坑等字命名的地名。可以说，这类地名北京各区都有，且都与水有关系。例如：

东城区有：王府井大街、沙井胡同、北河胡同、秀水河胡同、泡子河东巷、水磨胡同、沙滩、骑河楼、崇文门西河沿、（东、南、北）河槽胡同、大江胡同、小江胡同、金鱼池、广渠门、广渠门内大街、青年湖、龙潭湖、龙潭路、龙潭北里、青年湖公园、龙潭湖公园、龙潭街道办事处、永定门东西滨河路，等等。

西城区有：什刹海、积水潭、西海、后海、前海、北海、中海、南海、后海北沿、后海南沿、后海西沿、前海（东、西、南、北）沿、西海（东、西、南、北）沿、人定湖、护城河、高梁河、南长河、西直门北滨河路、受水河胡同、前后泥洼胡同、前后井胡同、太平湖、高井胡同、苦水井、龙头井、水车胡同、水关、甘水桥胡同、三里河、陶然亭湖、大小川淀胡同、龙泉胡同、玄武门东西河沿、莲花河、青年湖，等等。

丰台区有：卢沟桥、六里桥、莲花池、万泉寺、水头庄、大井、小井、马草河、水衙沟、凉水河、九子河、哑叭河、小清河、东河沿（芦井）、大沟村、南北岗洼、水牛房、八里河、海户屯、梆子井、南河沿、黄土岗灌渠、右安门灌渠、莲花台灌渠，等等。

石景山区有：高井村、龙泉寺、双泉寺、满井村、金口河、马尾沟村等。

海淀区有：海淀、昆明湖、玉渊潭、永定河引水渠、清河、南沙河、周家巷河、南北安河、温泉、冷泉、玉泉山、梆子井、南北坞、船营、万泉庄、巴沟、满井村、杀沙沟、沙窝、北洼、厂洼、白水洼、水磨村、黑龙潭、黑泉、（东、西、南、北）玉河、白水洼、双泉铺、北沙滩、钓鱼台，等等。

朝阳区有：通惠河、坝河、清河、温榆河、萧太后河、羊坊沟、亮马桥沟、高井、梆子井、南北小井、满井、芦井、孔井、南北沟泥河、孙河、南北苇沟、花虎沟、洼里、鱼池村、小海子、水牛房、水南庄、海户屯、西直河、三岔河、康家沟、南北湖渠、水碓村，等等。

门头沟区有：永定河、清水河（2个）、东西龙门涧、江水河、湫河、北沟、西沟、南沟、刘家峪沟、下马岭沟、苇甸沟、樱桃沟、门头沟、马栏沟、达摩沟、洪水口、沿河口、天河水、塔河、西水、上下清水、灵水、陈家水、向阳水、上大水、苇子水、甜河涧、泗家水、草甸水、清水涧、南湖、龙泉务、琉璃渠，等等。

通州区有：北运河、凉水河、温榆河、小中河、潮白河、台湖、漷县、张家湾、新河、小海子、临沟屯、水南、次渠、沟渠庄、葛渠、富豪（河）村、沙窝、杨堤、马头（码头）、和合（河）站、沙古堆、里二泗、南北堤、驼堤、前后堰上、马驹桥，等等。

大兴区有：头海子、二海子、三海子、永定河、天堂河、大小龙河、凤河、团河、大洼、南北李渠、海子角、饮马井、沙窝营、沙窝店、河南、东西郏河、西里河、凤河营、沙堆营、泥鳅营，念坛水库，等等。

房山区有：永定河、拒马河、大石河、琉璃河、哑叭河、刺猬河、丁家洼河、东西沙河、马刨泉河、周口店河、瓦井河、牤牛河、南北泉水河、大峪沟、马鞍沟、榆树沟、大堰台沟、大安山沟、千河口北沟、芦子水、宝水、柳林水、鸳鸯水、杨林水、上森水、东清水、燕水、来利水、长流水、三流水、东流水、银水、上中下英水、娄子水、水泉、泉口、鱼斗泉、南北西甘池、水峪、圣水峪、大水口峪、水头（西域寺）、漫水河、沙窝、黄元井、瓦井、镇江营、南河村、白沙滩、土堤、九道河、北直河、四渡、六渡、七渡、八渡、十渡、下河村、梅子湖、水碾屯、贾河、殷家磨（水磨）、郑家磨、王家磨、崇青水库、天开水库、牛口峪水库，等等。

昌平区有：温榆河、东沙河、西沙河、南沙河、高崖口沟、柏峪口沟、白羊城沟、兴隆口沟、狻猊口沟、关沟、虎峪沟、德胜口沟、锥石口沟、老君堂沟、孟祖河、八家沟、钻子岭沟、桃峪口沟、蔺沟、黑山寨沟、清河、龙潭村、响潭村、水沟村、长水峪、上下泥洼、前后桃洼、马刨泉、小水峪、流村、水泉村、东水峪、大水泉、水泉沟、珍水泉、黄泉寺、大泉、柳泉、百泉庄、小百泉、深水河、九道河、十道河、大小东流、前后蔺沟、大小汤山、泥洼村、大洼、东西沙屯、土沟村、大井村、水屯、大洼、凉水河、马池口、满井东西、十三陵水库、南庄水库、桃峪口水库、响潭水库、王家园水库、沙河水库，等等。

顺义区有：潮白河、小中河、箭杆河、金鸡河、蔡家河、白浪河、牤牛河、怀河、温榆河、东西水泉、前后渠河、水波村、前后沙峪、塔河村、洼子村、刘家河、望泉寺、东西海洪、大江洼、沙井、大小北坞、史中坞、张中坞、南坞、龙湾屯、东西江头、洼里、水屯、沟北、小塘、祖沟、闫家渠、河南村、临河村、北河村、沿河、沙浮、小临清，等等。

平谷区有：洵河、错河（泇河）、金鸡河、北寨石河、黄松峪石河、将军关石河、红石坎泉水河、豹子峪石河、龙家务石河、拉煤沟、镇罗营石河、熊儿寨石河、海子、水峪、洙水、胡洞水、东西涝洼、大小段洼、大水泉、凉水泉、清水湖、北水峪、滴水、西水峪、澄浆峪、井儿峪、西寺渠、刘家河、南北独乐河、河套、北石渠、河东、魏家河、刘家沟、三泉寺、大小东沟、耿井、海子水库、黄松峪水库、西峪水库，等等。

怀柔区有：潮白河、白河、怀九河、怀沙河、雁栖河、沙河、牤牛河、东西沟、鹞峪沟、庙沟、沙峪北沟、辛营西沟、梨树沟、丁香沟、龙潭沟、塘泉沟、汤河、庄户沟、前后喇叭沟、汤河东沟、崎峰茶东沟、天河、渣汰河、琉璃河、琉璃庙南沟、一渡河、二道河、三渡河、四渡河、九渡河、七道河、八道河、横河子、肖两河、李两河、刘两河、石湖峪、西水峪、珍珠泉、水泉峪、黄泉峪、团泉、泉水头、大水峪、河防口、交界河、峪道河、旧水坑、河北、鱼水洞、养鱼池、大蒲池沟、大小黄塘、汤河口、大河东、龙潭、银河沟、怀柔水库、北台上水库、大水峪水库、沙峪口水库、苏峪口水库、黑山水库、黄花城水库、银河沟水库、大栅子水库，等等。

密云区有：潮河、白河、白马关河、牤牛河、安达木河、小汤河、清水河、大小黄岩河、红门川、沙河、金沟、钓鱼台、河南寨、和漕、水泉、清水潭、西恒河、渤海寨、小水峪、河北、赶河厂、对家河、年（鲇）鱼塘、龙潭沟（4 个）、大西沟、水泉沟（2 个）、暖泉沟、河西、潮河关、香水峪、杭霞井峪、大小漕、流河峪、流河沟、泉水河、南北沟、塘子、水峪、水漳、刘林池、沙河村、圣水头、甜水峪、娘子水、东西邵渠、双井、密云水库、沙厂水库、肖河峪水库、庄户峪水库、银冶岭水库、白河涧水库、田庄水库、半城子水库、栗榛寨水库、燕落水库、响水峪水库、黑圈水库、京密引水渠，等等。

延庆区有：白河、妫水河、古城河、西龙湾、新华营河、菜食河、黑河、小张家口河、蔡家河、峪口沟、红旗甸河、黄花城西沟、三里河、大小泥河、老井泉、珍珠泉、唐子沟温泉、百眼泉、上下阪泉、大水泉、水泉沟（2 个）、帮水峪、王泉营、清泉铺、水泉子、高家河、苏家河、路家河、杨树河、水峪、临河、水头、河东、河西、河南、北小川、白河堡、四海镇、旺泉沟、东西龙湾、水口子、周四沟、涝洼子（2 个）、海子口、上下水沟、柏木井、井庄、井儿沟、白草洼、上水磨、莲花池、上下德龙湾、官厅水库、佛峪口水库、古城水库、北张庄水库、白河堡水库、刘斌堡水库、白河南北干渠，等等。

上面不厌其烦地罗列北京各区与水有关的地名，其意在于提示人们可从地名这一角度来观察历史上北京地区水资源的状况。

综上所述，历史上北京的水可用“大、旺、广、多、众”五个字来概括和形容。但是，今天的北京水资源和水环境，无论就其“量”来说，还是就其“质”来说，都难以与历史上的状况相比了。

当然，自20世纪50年代以来，在党中央和北京市委、市政府的领导下，北京市有四次农田水利建设的高潮。

第一次是1949—1957年，重点解决北京防洪和供水问题。修建了新中国成立后第一座大型水库，即官厅水库。该水库总库容为22.7亿立方米。1954年投入使用后，在防洪、供水、拦洪、灌溉等方面发挥了重大作用。基本消除了永定河下游的洪水灾害，每年向北京城市供水5.5亿立方米，灌溉面积从1.4万公顷扩大到4万公顷。

第二次是1958—1965年，先后修建了密云水库、怀柔水库、（平谷）海子水库、十三陵水库、房山崇青水库、天开水库、门头沟珠窝水库、昌平桃峪口水库、怀柔北台上水库等9座大中型水库。同时修建了北京东南郊的除涝工程。其中，密云水库总库容为43.75亿立方米，其蓄水量相当于1200个昆明湖，在防洪、供水、发电、养鱼等方面发挥了巨大效益。怀柔水库库容为1.44亿立方米。平谷海子水库库容为1.21亿立方米。1990年亚运会上，这里是水上项目主要比赛场地。

第三次是1966—1978年，除新打和更新机井4万眼外，还修建了几座中型水库，如房山牛口峪水库，门头沟斋堂水库，怀柔大水峪水库，密云沙厂水库、半城子水库，平谷西峪水库、黄松峪水库等。同时，对永定河、清河、坝河、通惠河、温榆河、凉水河进行了综合治理。

第四次是1978年以来，针对北京水资源日益紧缺的形势，开展以“抗旱节水夺高产”为中心的农田水利基本建设，大力发展以节水为中心的技术改造，即增加喷灌面积，每年可节约灌溉用水10亿多吨。

尽管如此，由于近几十年来北京地区进入一个相对少雨期，特别是因为城市规模迅速扩大，人口急剧膨胀，用水量成倍增加，北京市的水资源仍然显得紧缺。所以，如何珍惜水资源，保护水资源，是当今每一位北京市民都必须严肃认真对待的问题。为此，有必要进一步了解水与北京城的形成与发展的密切关系。

（二）水资源与北京城的关系

要说水与京城的关系，可以用这样几句话来概括：没有永定河，北京城就不会在这里形成。没有通惠河与京杭大运河的漕运，北京城就难以成为金、元、明、清封建王朝的都城。没有积水潭（什刹海与北海、中海），北京旧城就不会有这样的布局和形态。没有玉泉水和万泉庄泉水，清代就不会在海淀附近兴建号称“三山五园”的皇家园林。总之，水是北京城的命脉。水是造就深厚而辉煌的北京历史文化的物质基础与活力之源。下面让我们从几个方面深入论述水与北京城的关系。

1. 永定河是北京的母亲河

永定河最早的名称叫作浴水，后讹作治水。东汉后叫㶟水，也作漯水，流出西山后，下游别称清泉河。隋、唐统称桑乾河。辽、金多称卢沟河。元、明则称浑河，又有小黄河、无定河之名。清康熙三十七年（1698 年）大规模修筑下游河堤后，康熙帝赐名永定河，寓有“永远安定，不再决堤改道、泛滥为害”的美意。

永定河发源于山西省宁武县管涔山之天池，向东北流经山西省神池、朔县、山阴、应县、怀仁、浑源、大同等县地，进入河北省境。又东北流经河北省阳原、宣化、涿鹿、怀来等县地，在涿鹿与怀来县交界处收纳其最大支流——洋河之后，转向东南流。经官厅水库后，进入北京西山山区，于怀来县南端幽州村南流入北京市域。屈曲流过门头沟区山地，在三家店附近流出山区，进入平原地区。又东南流经石景山区、丰台区，过卢沟桥后转向南流，经大兴区与房山区之间，在房山区韩营村东转向东南流，在大兴区崔指挥营东边流出北京市界，复进入河北省境。东南流经安次县，转而东北流入天津市武清区。在武清区（杨村）南与北运河汇。又南，分北运河东出而入海，是为永定新河。永定河全长约 680 公里，流域面积约 47016 平方千米。流经北京市境河段长 159.5 公里，流域面积为 3168 平方千米。是流经北京市最大的一条河。人们都说永定河是北京的母亲河。

母亲者，诞育儿女之母体者也。说永定河是北京的母亲河，就是说是永定河诞育了北京城。为什么这样说呢？

第一，永定河出山后淤积而成的洪积冲积扇，为北京城的形成和发展提供了优越的地域空间和地理环境，或者说是营造了良好的家园。科学研究证明，自京西三家店永定河流出山区后，东北至清河、西南至房山东部小清河，东至通州北运河，南至雄县、霸州、武清等地，这一巨大的扇形地域就是永定河的洪积冲积扇，是永定河在漫长的第四纪更新世地质时期和人类历史时期，不断淤积冲积而成的。这里不仅有广阔、平坦、肥沃的土地，还有丰富的永定河水和地下潜水。北京城就坐落在或说是扎根于永定河洪积冲积扇的上部、脊部。

第二，古永定河的渡口（以卢沟桥为标志）是太行山东麓大道、居庸关大道、古北口大道、山海关大道等几条南来北往的古代交通大道的交会点。众所周知，在交通枢纽之地是最容易形成大型居民点的。但是，因为古永定河常常洪水泛滥，在其古渡口处建立居民点，必然会受到洪水的威胁。于是，在距永定河古渡口东北不远、地势相对较高的蓟丘附近，形成了北京城最原始的聚落，因蓟丘而得名蓟城（在广安门一带）。蓟城是北京城最早的前身。《史记·周本纪》所谓周武王灭商之后，“追思先圣王，乃褒封……帝尧之后于蓟”，指的就是这里。蓟也因此而名载先秦史籍。

第三，永定河水及其积蓄在其洪积冲积扇上部的地表水与地下潜水，是北京城的主要水源。《水经注》记载，在蓟城西郊有一个大湖，“湖有二源，水俱出（蓟）县西北，平地导源，流结西湖。湖东西二里，南北三里，盖燕之旧池也。”这个西湖是在古永定河的故道上积水形成的，是今莲花池的前身。西湖（莲花池）之水像乳汁一样哺育着蓟城的成长。春秋战国时为燕国都，秦汉至隋唐五代，或为郡、国治所，或为幽州及相应的郡、国治所，皆为华北地区最重要的地方行政中心。后来发展成为辽代陪都，称南京；金代首都，称中都。从蓟城到金中都的两千余年间，都以莲花池水系为主要水源。元代新建大都城，城址转移到金中都东北郊，换句话说，城址由莲花池水系转移到高梁河水系上来，因为高梁河水系水源更丰沛，但高梁河也是永定河古河道的遗存。元大都进一步发展成为明、清北京城，其主要水源都依赖高梁河水系。

第四，永定河中上游流域的丰富资源为北京的城市建设提供了优质的木材和石材，又为北京的城市生活提供了主要燃料。金、元时期都在永定河上游流域设置伐木机构，委派专官负责，大规模地伐木，以供金中都和元大都的建设所需。元代留下来的著名的《卢沟运筏图》就是有力的证据。在元大都开始建筑之前，郭守敬重开金口河，“以漕运西山木石”，显然是为建设大都城准备建材。此外，北京西山蕴藏着丰富的煤炭，在辽代已行开采。元代宛平县已有煤窑 30 多所。这些煤炭通过驼队、骡马队源源不断地运往京城，以供民需。天长日久，骡马四蹄在西山古道上踏出深深的蹄窝。可见，在一定意义上说，永定河流域还是北京生活必需品的供应地。

第五，隋唐之世，永定河统称桑乾河，下游即隋炀帝所开之永济渠，通过永济渠从中原可以通漕至幽州。元、明、清时期，虽然浑河下游因泥沙太多已不能通漕，但浑河北派之水通过凉水河河道至通州张家湾汇入北运河，增加北运河水量，有助于漕运。漕运的畅通是金、元、明、清北京作为国家都城的命脉。没有京杭大运河大规模的漕运，北京就难以维持国家都城的历史地位。从这方面看，永定河对于北京的重要贡献也是不能忽视的。

从以上五个方面看，说永定河孕育了北京城，是北京的母亲河，难道还有什么疑问吗？

在北京城与永定河的关系上，还有一点是应当特别指出的。我国有多个著名古都，其中西安、洛阳、开封、邺城在黄河流域，南京、杭州在江南，唯有北京在海河流域。这些都城都是依傍河流发展起来的。不过，因为北方的河流善徙善淤，很不稳定，故北方的几个古都曾被河流冲毁，如洛阳与邺城的古城遗址，均半毁于河流，而宋代的开封城在今开封市地面以下 6 米，完全被泛滥的黄河水所携带的大量泥沙所淤埋。北京虽然也是北方都城，但由于选址比较合理，在处理城市与永定河的关系上，注意到躲避洪水的问题，所以，北京建城 3000 多年，建都 800 多年，未曾遭受重大的河流水患。倒是在河流人工水利工程的建设上，北京表现得更为突出。依赖人工水利工程，为国为民谋利，是北京的一大特色。

2. 开发水利，富民强军

在北京城的每一个历史发展阶段中，都伴随着开发水利的努力和取得的巨大成就。

大约三千多年前，周武王灭商之后，在今天的北京地区先后封立了蓟和燕两个诸侯国。由于燕强蓟弱，燕国吞并蓟国，蓟城也成为燕国之都。战国时期，燕国的富强曾经达到了高峰。《史记·苏秦传》记载：苏秦游说燕国，对燕文侯说："燕东有朝鲜、辽东，北有林胡、楼烦，西有云中、九原，南有滹沱、易水，地方二千余里，带甲数十万，车六百乘，骑六千匹，粟支数年。南有碣石、雁门之饶，北有枣栗之利，民虽不佃作而足与枣栗矣。此所谓天府者也。"虽然苏秦的说辞不无过誉之嫌，但也反映了当时燕国的富强。司马迁在《史记·燕昭公世家》

中评价燕昭王说：“卑身厚币以招贤者。……乐毅自魏往，邹衍自齐往，剧辛自赵往，士争趋燕。”“二十八年（前284年），燕国殷富，士卒乐轶轻战，于是遂以乐毅为上将军，与秦、楚、三晋合谋以伐齐。”当时燕国国力强盛的原因之一，是农业的发展，其中最有说服力的例证就是督亢陂的开发。督亢陂在今河北省涿州东南、固安市西，这里属拒马河流域，土壤肥沃，饶有水利，人称“膏腴之地”。有人认为，壮士荆轲为燕太子丹谋刺秦王时，要献给秦王的地图就是督亢陂地区的地图。因为督亢陂地区是燕国的“粮仓”，早为秦国梦寐以求，故可以用献督亢陂地图的方式，掩人耳目，伪装自己，以便接近秦王，实现刺杀图谋。当展开地图让秦王看的时候，“图穷匕首见”，阴谋败露，结果壮士荆轲为燕国献出了性命。此外，燕都蓟城地区也是广为开发水利的富庶之地。1949年以后陆续在古蓟城及其周围地区发现的大批战国至汉代的陶井，足以说明这一点。《周礼·职方氏》云：“东北曰幽州，……其畜曰四扰，其谷曰三种”。汉代著名学者郑玄注：“四扰，马、牛、羊、豕；三种，黍、稷、稻”。说明春秋战国时，幽州地区的农业与畜牧业也是很发达的。

据《后汉书·张堪传》记载：东汉光武帝后期，南阳郡宛县人张堪官拜渔阳郡（郡治在今怀柔东梨园庄附近）太守。他镇守渔阳郡期间，“扑击奸猾，赏罚必信，吏民皆乐为用。匈奴尝以万骑入渔阳，（张）堪率数千骑奔击，大破之，郡界以静。”在不受匈奴侵扰的情况下，张堪“乃于狐奴开稻田八千余顷，劝民耕种，以致殷富。百姓歌曰：‘桑无附枝，麦穗两歧。张君为政，乐不可支。’视事八年，匈奴不敢犯塞。”这事在北魏郦道元的《水经注·沽水》篇中有大致相同的记载。不仅如此，在《大明一统志》、清《嘉庆重修一统志》中都有大同小异的述评。可见，东汉张堪屯狐奴，开稻田八千顷，是北京历史上开发水利的重大事件。汉狐奴县，渔阳郡属县，县城在今顺义区东北、潮白河东岸的魏家店、北府、上辇等村间。这里有座小山，名呼奴山。山前有大泉，泉水流为阳重沟水（即今箭杆河）。正是因为这里有泉有水，故张堪在这里屯田，开发稻田八千余顷。这是北京水利史上早期的重大事件，值得重视。

在北京历史上最著名的早期水利工程，是三国时期曹魏镇北将军刘靖修筑的戾陵堰和开凿的车箱渠。《三国志》卷15《刘馥附刘靖传》记载，刘馥的儿子刘靖，“后迁镇北将军、假节都督河北诸军事。（刘）靖以为经常之大法，莫善于守防，使民夷有别。遂开拓边守，屯据险要。又修广戾陵渠大堨，水溉灌蓟南北，三更种稻，边民利之。”这段历史记载，说明了刘靖在镇守蓟城期间，屯田守边，在蓟城附近修筑灌溉工程，引水种稻，取得了很好的成效。对刘靖开创的这一水利工程记述最详者，莫过于《水经注》。《水经注·鲍邱水》篇记云：“鲍邱水（潮河）入潞，通得鲍邱之称矣。高梁水注之。（高梁水）首受漯水（今名永定河）于戾陵堰，（漯）水北有梁山，山有燕剌王（刘）旦之陵，故以戾陵名堰。（高梁）水自堰枝分，东迳梁山南，又东北迳刘靖碑北。其云：魏使持节、都督河北道诸军事、征北将军、建城乡侯、沛国刘靖，字文恭。登梁山以观源流，相漯水以度形势。嘉武安之通渠，羡秦民之殷富。乃使帐下督丁鸿军士千人，以嘉平二年（250年）立遏于水，道（导）高梁河，造戾陵遏，开车箱渠。其遏表云：高梁河水者，出自并州（指山西），黄河之别源。时长岸峻固，直截中流，积石笼以为主遏，高一丈，东西长三十丈，南北广七十余步。依北岸立水门，门广四丈，立水十丈。山川暴戾，则乘遏东下；平流守常，则自门北入，灌田岁二千顷，凡所封地百余万亩。至景元三年（262年）辛酉，诏书以民食转广，陆费不赡，遣遏（谒）者樊晨更制水门，限田千顷，刻地四千三百一十六顷出给郡县，改定田五千九百三十顷。水流乘车箱渠自蓟西北迳昌平，东尽渔阳潞县，凡所润含四五百里，所灌田万有余顷。高下孔济，原隰底平，疏之斯溉，决之斯散。导渠口以为涛门，洒滮池以为甘泽，施加于当时，敷被于后世。晋元康四年（294年），（刘靖）君少子骁骑将军、平乡侯（刘）弘受命，使持节监幽州诸军事，领护乌丸校尉、宁朔将军。（戾陵）遏立积三十六载，至五年（295 年）夏六月，洪水暴出，毁损四分之三，乘（剩）北岸七十余丈，上渠车箱，所在浸溢。追惟前立遏之勋，亲临山川，指授规略。命司马关内侯逄恽（督）内外将士二千人，起长岸，立石渠，修立遏，治水门，门广四丈，立水五尺，兴复载利通塞之宜。准遵旧制，凡用工四万有余焉。诸部王侯不召而自至，襁负而事者盖数千人。《诗》载‘经始勿亟’，《易》称‘民忘其劳’，斯之谓乎？于是，二府文武之士，感秦国思郑业之绩，魏人置（西门）豹祀之义，乃遐慕仁政，追述成功。元康五年十月十一日刊石立表，以记勋烈，并记遏制度，永为后式焉。”

上面依据《永乐大典》本《水经注》，全文引录了《刘靖碑》碑文。通过这篇碑文，人们不仅可以了解戾陵堰创修和改造的过程，也可以了解戾陵堰的规模和形制，更可以了解戾陵堰与车箱渠的功能与效益。戾陵堰与车箱渠是北京历史上最早的、规模最大的灌溉水利工程。这个水利工程由三部分构成：

一是“造戾陵堰”，即在㶟水（清泉河，今永定河）上用石笼筑起东西长三十丈、南北宽七十余步（古代多以五尺为步，七十余步约合三丈七尺）的戾陵堰，用以拦蓄河水，如同现代修的小型水库。至于戾陵堰在哪里，学术界尚有争议。有人认为石景山为梁山，故应在石景山南。有人认为石景山以北的山地为梁山，故应在石景山北。还有人认为京西老山为梁山（老、梁一音之转），故应在老山南。最终决定哪座山是梁山的关键因素是戾陵，即西汉燕王刘旦的陵墓。看来，在石景山及其以北山地有戾陵的可能性较小，因为这些山地多是岩石，建墓修坟的难度大；而老山土多，开土为圹，堆土成墓较为容易。北京市文物工作队曾在老山发掘一座大型汉墓，虽然墓主人不能确定，但老山有大的汉墓已是事实。据说，除已发掘的老山汉墓外，该山还有几座大的汉墓，其中有座是戾陵，十分可能。燕王刘旦因为想自立为帝而反叛，结果畏罪自杀。对于这样的一个罪人，一般说来，汉室是不会耗费大量的人力、物力、财力，在岩石裸露的石景山及其以北山地凿石为圹埋葬他的。

二是“导高梁河”，即将高梁河河道加以疏浚整修，作为引水灌溉的渠道。关于高梁河，《水经注》中先后有多处谈到。在《漯水》篇中说：漯水（指今永定河）自南出山后，“谓之清泉河，俗亦谓之曰千水，非也。漯水又东南迳良乡县之北界，历梁山南，高梁水出焉。”按这里所说的高梁水出自梁山南，这与在《鲍邱水》篇中所说同（见下）。但在《漯水》篇中又说，漯水流过蓟城（在广安门一带）南后，“漯水又东南，高梁水注之。水出蓟城西北平地泉，东注，迳燕王陵（当在首都体育馆南）北，又东迳蓟城北，又东南流，《魏氏土地记》曰：蓟东一十里有高梁之水，其水又东南入漯水也。”按这条高梁河是指源出今紫竹院的泉水，东流为今西直门外的高梁河，又东流经什刹海、北海、中海等地，然后从蓟城（在今广安门一带）东十里向东南流，大致在今通州马驹桥附近注入漯水。这条高梁水流经北京旧城区。《水经注》中所谓“高梁无上源，清泉无下尾”，指的就是这条高梁河。

在《鲍邱水》篇中说：“鲍邱水（潮河）入潞，通得鲍邱之称矣。高梁水注之。（高梁水）首受漯水于戾陵堰，水北有梁山，山有燕剌王（刘）旦之陵，故以戾陵名堰。水自堰枝分，东迳梁山南，又东北迳刘靖碑北，（下为刘靖碑碑文，见上，此略）……又东南流（迳）蓟县北，又东至潞县，注于鲍邱水。”按同是高梁河，一说源出蓟城西北平地泉，注入漯水；一说自戾陵堰枝分，注入鲍邱水。那么，这两条高梁河是什么关系呢？其实，这两条高梁河是同一条河，只是上、下游不同罢了。自戾陵堰分出的高梁河是源出蓟城西北平地的高梁水向西南的延伸，而东至潞县注入鲍邱水的高梁河，是从流经蓟城北、又从蓟城东十里而东南流的高梁水分流而出，分流的地点应在今德胜门外，分流东出的高梁河就是东直门外坝河的前身。也就是说，《漯水》篇中漯水经梁山南后而出的高梁水，与《鲍邱水》篇中“首受漯水于戾陵堰”的高梁水是同一条河。流到今紫竹院处后，两条高梁河变成一条河，又东流至今德胜门外处，一股东南流经“三海”等地，下入㶟水；一股向东，至潞县西注入鲍邱水。高梁河的这些变化，正是刘靖“导高梁河”工程的结果。

三是“开车箱渠”。车箱渠是连接戾陵堰北水门与高梁河的一条人工开凿的渠道。因为戾陵堰在梁山南，而高梁河在梁山东北。如何将戾陵堰拦蓄的河水引入高梁河中，以发挥灌溉效益，这是工程的关键。由于梁山附近地势偏高，故必须开凿一段渠道，以便引水。大概因为开凿的这段渠道又深又宽，状如车箱，故称为车箱渠。如果将源出蓟城西北平地泉的高梁河视为真正的高梁河，那么，由其源头向西南与戾陵堰相连的一段河道，应当就是车箱渠。因为车箱渠与高梁河联为一体了，所以后人将车箱渠也就视为高梁河了，从而有了《水经注》中高梁河“自戾陵堰枝分”或出自流经梁山南的㶟水之说了。可见，车箱渠的开凿使高梁河变得复杂了。

魏、晋时期，戾陵堰与车箱渠引水灌溉蓟城南北土地，持续获益数十年之久。后来，因北方战乱连连，进入五胡十六国时期，这一大型水利工程因失修而废毁。到了北朝时期，又有人主持予以兴复。例如，据《北史·裴延儁传》记载：北魏孝明帝时，裴延儁累迁幽州刺史。他想到“范阳郡有旧督亢渠，径五十里；渔阳、燕郡有故戾陵诸堨，广袤三十里。皆废毁多时，莫能修复。时水旱不调，延儁乃表求营造。遂躬自履行，相度形势，随力分督，未几而就，溉田百万余亩，为利十倍，百姓赖之。”又据《北齐书·斛律金传附斛律羡传》载：北齐武成帝河清三年（564年），斛律羡“转使持节，都督幽、安、平、南（营）、北营、东燕六州诸军事，幽州刺史。”“（斛律）羡以北虏屡犯边，须备不虞，自库堆戍（当在晋北）东拒于海，随山屈曲二千余里，其间二百里中凡有险要，或斩山筑城，或断谷起障，并置立戍逻五十余所。又导高梁水北合易京（即温榆河），东会于潞，因以灌田，边储岁积，转漕用省，公私获利焉。”这两个事例说明，戾陵堰和车箱渠这一重大水利工程断断续续发挥效益二百多年。

1991年海淀区双榆树当代商城大厦施工时，发现一条古代水道遗址，南北走向，断面呈斗形，底宽近14米，面宽约23米，深约3米，底部距今地面约4.7米，渠道轮廓清晰。已揭示出来的渠道长百余米。渠道内流沙、淤泥与草炭层叠相压，厚达2米以上。北京大学历史地理研究中心的岳升阳副教授经过实地考察和研究后认为，这条古渠道应是车箱渠水利工程的组成部分。

其后，在古永定河下游引水灌溉土地、种植水稻的事，仍不乏成功之例。如《光绪顺天府志·河渠志十三·水利》引《册府元龟》云：隋开皇年间（581—600年）裴行方任幽州都督，“引卢沟水广开稻田千顷，百姓赖以丰给。”金世宗大定十二年（1172年），开凿金口与金口河，以期引卢沟河水东入闸河，以济漕运。虽然从济漕的角度看，金开的金口河是失败了，但金口河仍有灌溉之利。《金史·河渠志》记载：大定二十七年（1187年），宰臣以“孟家山金口闸下视都城，高一百四十余尺，止以射粮军守之，恐不足恃。倘遇暴涨，人或为奸，其害非细。若固塞之，则所灌稻田俱为陆地，种植禾麦亦非旷土。……”这里明确地说金口河水有灌溉稻田之利。这一点也为元代大科学家郭守敬证实。《元史·郭守敬传》记载：元世祖至元二年（1265年），郭守敬建言：“金时，自燕京之西麻峪村，分引卢沟一支东流，穿西山而出，是谓金口。其水自金口以东、燕京以北，灌田若干顷，其利不可胜计。”金代金口河发挥灌溉效益至少有十五年的时间。此外，《金史·食货志》记载：金章宗承安二年（1197年），下令放白莲潭（今什刹海）东闸水，让百姓灌溉田地。三年（1198年），又下令不要毁坏高梁河闸，让百姓随意引水灌溉。

元代对开发兴举水利同样十分重视。《元史·食货志》记载：元世祖至元七年（1270年）十一月，申明劝课农桑赏罚之法，颁布农桑之制十四条。其中有“凡河渠之利，委本处正官一员以时浚治。或民力不足者，提举河渠官相其轻重，官为导之。地高水不能上者，命造水车。贫不能造者，官具材木给之。……田无水者，凿井；井深不能得水者，听种区田（分区耕种的田地，有利于蓄水保墒）。”元代的这些促进农桑发展的措施，虽然在全国推行，但大都地区无疑也不例外，甚至能更快更好地落实。至元二十八年（1291年），都水监官郭守敬奉诏兴举水利，就提出了改引浑河（今永定河）水灌溉大都地区田地的举措。据《元史·顺帝纪》记载，至正年间，在“西自西山，南至保定、河间，北至檀、顺（今密云、顺义），东至迁民镇（在秦皇岛北）”的范围内，所有的官地及各处屯田，皆招募江南人来营造水田，发展稻作农业。为此，朝廷给钞五百万锭，以供分司农司用来发放工钱，购置牛具、农器、谷种等。同时，还采取许官的手段，鼓励人们到江浙、淮东招募能种水田和修筑围堰的农夫各一千名为农师，教民播种。元末采取如上举措，下决心在京畿近地发展水田，必然要大力开发大都地区诸多河流与淀泊的水利。

明清之世，大规模地引用永定河水灌溉下游土地的事，少见记载，但在京畿其他地区开发水利，营造水田，推广种稻，却也有不少成功之例。例如：万历十三年（1585年），徐贞明官职为给事中，上书言水利。他说：“神京雄踞上游，兵食宜取之畿甸，今皆仰给东南。……闻陕西、河南故渠废堰，在在有之；山东诸泉，引之率可成田；而畿辅诸郡，或支河所经，或涧泉自出，皆足以资灌溉。北人未习水利，唯苦水害，不知水害未除，正由水利未兴也。盖水聚之则为害，散之则为利。今顺天、真定、河间诸郡，桑麻之区，半为沮洳，由上游十五河之水唯泄于猫儿一湾，欲其不泛滥而壅塞，势不能也。今诚于上流疏渠浚沟，引之灌田，以杀水势；下流多开支河，以泄横流；其淀之最下者，留以潴水；稍高者，皆如南人筑圩之制，则水利兴，水患亦除矣。”徐贞明的这一高论，不仅未被采纳，反而成为他被罢官的原因之一。被罢官后，他回乡途中路过通州，写下了著名的《潞水客谈》一书，进一步阐述开发北方水利之益，共十四条（详文见后）。在一些识货者的赞赏与荐举下，万历帝又提升徐贞明官任少卿，让他与地方官会同勘察水利。《光绪顺天府志·水利》云：“（徐）贞明乃先治京东州邑，如密云燕乐庄，平谷水峪寺、龙家务庄，三河唐会庄、顺庆屯地，蓟州城北黄厓营、城西白马泉、镇国庄、城东马神桥夹淋河而下、别山铺夹阴流河而下，垦田三万九千余亩。”《明史·左光斗传》记载：万历后期，左光斗“出理屯田，言：‘北人不知水利，一年而地荒，二年而民徙，三年而地与民尽矣。今欲使旱不为灾，涝不为害，唯有兴水利一法。’因条上‘三因’‘十四议’：曰因天之时，因地之利，因人之情。曰议浚川，议疏渠，议引流，议设坝，议建闸，议设陂，议相地，议筑塘，议招徕，议择人，议择将，议兵屯，议力田设科，议富民拜爵。其法犁然具备，诏悉允行。水利大兴，北人始知艺稻。邹元标曰：‘三十年前，都人不知稻草何物，今所在皆稻，种水田利也’。”可见，明代在开发京畿水利、大兴水田、广种水稻方面取得了一些成绩。这对于富民强国是有积极意义的。

据《光绪顺天府志》记载，清雍正四年（1726年），奉命勘察直隶水利事的怡贤亲王建议：“凉水河至张家湾入运，请于高各庄（在通州西南，今作高古庄）开河，分流至堠上（在武清区西北，今作侯尚）循凤河故道疏浚，由大河头（不详何地）入分流处，各建一闸，以时启闭，可溉田畴。”按这里所说的由高各庄开的河，就是今通州区南部通惠河南干渠的前身。雍正六年（1728年），宛平县卢沟桥西北的修家庄、三家店等处，引永定河水泄之村南沙沟，不粪而沃，凡营成稻田一十六顷。乾隆年间，京南一带开辟稻田几千顷，苑囿（指南苑）以南，淀河（指霸州大清河）以北，引潦顺流，粳稻葱郁。光绪七年（1881年），有人从石景山麻峪引永定河水灌溉，“正渠一道，计长四里；支渠一道，计长里许”。光绪八年（1882年），陕甘总督左宗棠部下福建布政使王德榜又在永定河右岸修建城龙渠，北起龙泉镇城子，南到卧龙岗，长二十一里。数十年间，永定河泥沙随灌溉水淤淀于田内，使泥沙变成良田。

总之，自春秋、战国至金、元、明、清，前后相继二千余年，北京地区的水利事业断断续续，时兴时衰，但没有中断过。开发水利，发展农业生产，是富民强军的重要措施。金代以来，北京成为国都之后，这方面的努力尤其对于强化金中都、元大都及明清北京城的财力、物力及军事防卫具有重要意义。

3.“三海”与北京城规划设计

这里所说的“三海”，既不是特指今天的什刹前海、什刹后海、什刹西海（简称前海、后海、西海）的三海，也不是特指明清皇城内苑的北海、中海、南海三海。这里的“三海”乃是对如上前、后三海的统称。这个名称借用有人提出过的“三海大河”。所谓“三海大河”是指流经什刹海、北海、中海这三海的大河，即永定河的一条古河道。“三海大河”的流向大体是指古永定河由三家店附近出山后，向东经八宝山后、田村、紫竹院、什刹海、北海、中海，再斜向东南，往龙潭湖、马驹桥方向流去的故道。它是由地质学家们于20世纪70年代发现并命名的。在这里重点讨论的是今天的北海、中海以及什刹三海的来历及其作用。这片水域在金代统称白莲潭，元代称积水潭或海子。元大都兴建时，将其南部圈入皇城内，别称太液池。明清亦然。而皇城之外的水域，元代专称积水潭或海子，明清称什刹海，或分称前海、后海、西海。

人们不禁要问，为什么会在北京城的心脏部位形成“三海”这样一串湖泊？“三海”是何时形成的？又是怎样形成的？老实说，这些问题至今仍然是未彻底解开的谜。

上文在谈到高梁河时，曾说高梁河流经蓟城北，又从蓟城东十里向东南流去。从高梁河的流势看，“三海”所处的位置正是古高梁河流过的地方。而《刘靖碑》碑文称：“高梁河水者，出自并州。”并州即今山西。高梁河自并州发源，说明高梁河就是古永定河，高梁河的河道就是古永定河的河道。可以这样说，“三海”所处的位置是古高梁河（古永定河）的故道。那么，何时在古高梁河（古永定河）故道里积水成湖泊呢？这个问题一直不见有任何文献记载。现在人们知道的是，金代已称这片水域为白莲潭。《金史・河渠志・漕渠》云：“金都于燕，东去潞水五十里，故为闸以节高梁河、白莲潭诸水，以通山东、河北之粟。”这里所说的白莲潭就指今什刹海、北海、中海等水域。在金代以前，白莲潭之名不见文献记载。《宋史·宋琪传》说，宋太宗端拱二年（989年），要讨伐占据幽蓟的契丹，诏令群臣各言边事，献计献策。礼部尚书宋琪上疏云：“大举精甲，以事讨除，灵旗所指，燕城必降。但径路所趋，不无险易。必若取雄、霸路直进，未免更有阳城之围。盖界河之北，陂淀坦平，北路行师，非我所便。况军行不离于辎重，贼来莫测其浅深，欲望回辕，西适山路。令大军会于易州，循孤山之北，漆（涞）水以西，挟山而行，援粮而进，涉涿水，并大房，抵桑乾河，出安祖砦，则东瞰燕城，裁及一舍，此是周德威收燕之路。”稍后，宋琪又说：“从安祖砦（今丰台衙门口村）西北有卢师神祠，是桑乾出山之口，东及幽州四十余里。赵德钧作镇之时，欲遏西冲，曾堑此水。况河次半有崖岸，不可径度（渡），其平处筑城护之，守以偏师，此断彼之右臂也。仍虑步奚为寇，可分雄勇兵士三五千人，至青白军（在今门头沟区永定河与清水河会流处）以来（东）山中防遏，此是新州（今河北涿鹿）、妫川（今延庆区）之间南出易州大路。其桑乾河水属燕城北隅，绕西壁而转。大军如至城下，于燕丹陵东北横堰此水，灌入高梁河。高梁岸狭，桑（乾）水必溢。可于驻跸寺（在今京西公主坟西北隅）东引入郊亭淀，三五日弥漫百余里，即幽州隔在水南。王师可于（幽）州北系浮梁以通北路，贼骑来援，已隔水矣。视此孤垒，浃旬必克。幽州管内洎山后八军，闻蓟门不守，必尽归降，盖势使然也。”按宋琪是幽州蓟县（今北京）人，对幽州的地理山川了如指掌，如数家珍。特别是他说的桑乾水（今永定河）冲着燕城（辽南京）北部而去，从燕城西边南流，故他建议在驻跸寺处向东引水至郊亭淀（今朝阳区通惠河南岸有大郊亭、小郊亭地名，无疑是郊亭淀所在）。这样，就可以在燕城北造成一道水上防线，待辽军来援时，已隔在水北。如果那时候白莲潭水域已存在，宋琪不会不知道，也不会不想到利用这区水域以阻隔辽军，造成宋军北伐燕城的有利形势。

但宋琪只字未提到燕城北郊有水泊。这可以证明至少在宋辽初期还没有白莲潭。

辽代中期，幽燕地区进入一个多雨期。《辽史·圣宗纪》记载：统和十二年（994年）正月癸丑朔（正月初一日），“潞阴镇水，漂溺三十余村，诏疏旧渠”。按潞阴镇在今通州区中南部大、小北关与前、后南关几个村落间，这里在大年初一发大水，是极为罕见的现象，说明辽代多雨。或许就是这个缘故，在辽潞阴县（治所同潞阴镇）形成一个很大的湖泊，名叫延芳淀。《辽史·地理志》于潞阴县下记载：“延芳淀方数百里，春时鹅鹜所聚，夏秋多菱芡。国主春猎，卫士皆衣墨绿，各持连锤、鹰食、刺鹅锥，列水次，相去五七步。上风击鼓，惊鹅稍离水面。国主亲放海东青鹘擒之。鹅坠，恐鹘力不胜，在列者以佩锥刺鹅，急取其脑饲鹘。得头鹅者，例赏银绢。国主、皇族、群臣各有分地。”按在辽代于今通州区南境形成一个方圆数百里的延芳淀，可以说这是北京地区历史上最大的一个淀泊。这个淀泊不见于辽以前的文献特别是《水经注》的记载，说明延芳淀形成于辽代应该是无疑问的。

根据上面所述，有理由推断，所谓“三海”也应当形成于辽代。但辽代“三海”只是辽南京东北郊外的一处名胜。金世宗、章宗期间，于白莲潭（即“三海”）营造皇家宫苑，初名太宁宫，后改寿安宫，又改万宁宫。这处金室皇家宫苑的突出景观是琼华岛，元称万岁山，即今北海的白塔山。元人陶宗仪在《南村辍耕录·万岁山条》中说：“闻故老言，国家（指大元帝国）起朔漠日，塞上有一山，形势雄伟。金人望气者，谓此山有王气，非我（指金室）之利。金人谋欲压胜之，计无所出。时国（指金国）已多事，乃求通好入贡。既而曰：‘它无所冀，愿得某山以镇压我土耳。’众皆鄙笑而许之。金人乃大发卒，凿掘辇运至幽州城北，积累成山，因开挑海子，栽植花木，营构宫殿，以为游幸之所。未几金亡。”这个说法的真实性难以考证，权当一个历史故事看待吧。金代白莲潭属高梁河水系，有山有水，是一处风景胜地。这里不仅是金代的一处宫苑，更重要的是为元大都的兴建奠定了基础。

蒙古统治者最初建都和林（在今蒙古国乌兰巴托西南的和林）。元世祖忽必烈继位后，初都开平。《元史·霸突鲁传》云："世祖在潜邸，从容语霸突鲁曰：'今天下稍定，我欲劝主上驻跸回鹘，以休兵息民，何如？'（霸突鲁）对曰：'幽燕之地，龙盘虎踞，形势雄伟，南控江淮，北连朔漠。且天子必居中以受四方朝觐。大王果欲经营天下，驻跸之所，非燕不可。'世祖怃然曰：'非卿言，我几失之。'"所以，忽必烈在开平即位后，"还定都于燕"。早在即位前，忽必烈就到过燕京，驻跸燕京近郊。所谓"燕京近郊"指的就是燕京东北郊的琼华岛金室离宫。因为金中都城已遭战火破坏。《大金国志》卷23记载：崇庆元年（成吉思汗七年，1212年），金主完颜永济哭着说："燕京自天会初不罹兵革，殆将百年，僧寺、道观、内外苑囿、百司庶府，室屋华盛，至是焚毁无遗。"尽管元世祖中统二年（1261年）曾修燕京旧城，但是金中都旧城已难作都城。所以，元世祖决定在金中都旧城东北郊以白莲潭为中心新筑都城。

新城址选定以后，如何进行规划设计和建设便成为问题的关键。新都城的规划设计重任落在了谋士刘秉忠的肩上。《元史·刘秉忠传》记载："初，帝（指元世祖忽必烈）命秉忠相地于桓州东滦水北，建城郭于龙冈，三年而毕，名曰开平。继升为上都，而以燕为中都。（至元）四年（1267年），又命秉忠筑中都城，始建宗庙宫室。八年（1271年），奏建国号曰大元，而以中都为大都。"《析津志辑佚》记载："世皇（指元世祖）建都之时，问于刘太保秉忠定大内方向。秉忠以今丽正门外第三桥南一树为向以对，上制可，遂封为独树将军，赐以金牌。"同书又载："中书省，至元四年（1267年），世祖皇帝筑新城，命太保刘秉忠辨方位，得（中书）省基，在今凤池坊之北，以城制地，分纪于紫薇垣之次。枢密院，在武曲星之次。御史台，在左右执法天门上。太庙，在震位，即青宫。天师宫，在艮位鬼户上。其内外城制与宫室、公府，并系圣裁，与刘秉忠率按地理经纬，以王气为主。故能匡辅帝业，恢图丕基乃易之成规，衍无疆之运祚。”这些史料都较具体地说明刘秉忠在元大都城规划设计中的角色和贡献。

当时主持规划设计新都城的刘秉忠大致是这样做的：首先在白莲潭（元称积水潭或海子）的东北岸确定了全城的几何中心，在这里设立“中心之台”，即今鼓楼所在处。然后，由中心之台向南，通过积水潭向东弯凸的顶点，即现在的万宁桥（也叫后门桥）所在地方，引一条正南正北的子午线，作为新都城的中轴线。这条中轴线也就是现在人们所关注的北京城中轴线。也有一种说法是先确定宫城的位置，然后由宫城中心线向北延伸，确定大城的中心之台即中轴线。但不管哪种说法，都是将都城的主要建筑皇宫（大内）设置在太液池（今北海与中海）东岸，内建大明殿、延春阁等主要宫殿，都在中轴线上。在太液池西岸，南部设建太子居住的隆福宫，北部设建皇太后居住的兴圣宫。太液池本是白莲潭（积水潭）的南半部，相当于今北海、中海，因为建设皇城内苑的需要，故与北半部分隔开来，改称太液池，内有蓬莱（琼华岛，今白塔山）、瀛洲（圆坻，今团城）、方丈（今中海东岸蕉园）三山，形成“一池三山”的神仙世界的胜景。三组宫殿围绕太液池呈鼎足之势。三组宫殿之外，四面筑有萧墙，又称红门阑马墙，是为皇城。皇城正门为灵星门，前有千步廊。

宫城、皇城确定好以后，又从中心台向西，以积水潭东西长度为则，确定了新都城西城墙的位置（在今西直门、阜成门南北一线），从南向北设有平则、和义、肃清三门。向东，以同样的距离确定新都城东城墙的位置（在今东直门、朝阳门南北一线），从南向北设有齐化、崇仁、光熙三门。从中心之台向南，至皇城前的千步廊南端为则，确定新都城南城墙的位置（大致在今长安大街南侧），从东向西设有文明、丽正、顺承三门；向北，又以同样的距离确定新都城北城墙的位置（遗址尚在，已辟为北土城公园），只设安贞（在东）、健德（在西）二门。这就是周垣长达六十里的元大都城。

根据《周礼·考工记》，刘秉忠将元室祖庙即太庙，设置在皇城左侧（今朝内大街东部北侧），将社稷坛设置在皇城右侧（今阜内大街西部北侧），将市场设置在皇城北面（今地安门外大街与鼓楼西斜街）等地，完全体现了《周礼·考工记》中关于国都建设应是“前朝后市，左祖右社”的礼制要求。此外，还按照“九经九纬，径途九轨”的模式，规划了城内的主要街道。据《析津志辑佚》记载，元大都的“街制：自南以至于北，谓之经；自东至西，谓之纬。大街二十四步阔，小街十二步阔（按元代五尺为步）。三百八十四火巷，二十九衖通。”由这些大小街道、小巷胡同交织成大都城内规整的街道网络，并将全城划分为50个坊，为官民生活居住区。

国内外著名的历史地理学家、北京大学资深教授侯仁之先生在《元大都与明清北京城》一文中，对元大都城的规划设计做过深入的分析和精彩的论述。他说：“大城的设计，从城市平面图上加以分析，则显然是以太液池东岸的宫城为中心而开始的。宫城中心恰好位于全城的中轴线上，从而十分有力地突出了宫城的位置，显示了这个封建王朝统治中心的重要地位。宫城的位置既以确定，然后沿宫城中心线向北延伸，在太液池上游另一处叫作积水潭的大湖东北岸，选定了全城平面布局的中心。在这个中心点上竖立了一个石刻的测量标志，题为‘中心之台’，在台东15步，约合23米处，又建立了一座中心阁，其位置相当于现在北京城内鼓楼所在的地方。在城市设计的同时，把实测的全城中心进行了明确的标志，在历代城市规划中，还没有先例，这也反映了当时对精确的测量技术用在城市建设上的极大重视。”紧接着，侯先生又说：“从中心之台向南采取了恰好包括皇城在内的一段距离作为半径，来确定大城南北两面城墙的位置。同时，又从中心之台向西恰好包括了积水潭在内的一段距离作为半径，来确定大城东西两面城墙的位置。”

综合上述，可以说元大都城城址的选定，中心之台的确立，中轴线的确定，以至于全城范围的划定，均与白莲潭（积水潭、海子）密切相关。

白莲潭（积水潭或海子）是元大都城选址与规划设计的依据。因为包括中轴线和全城框架在内的北京城，自元大都之后，由于在东西方向上整体没有发生过迁移，所以我们说“三海”缘定北京城。换句话说，北京城的位置、形态及其功能区的布局，都是由“三海”的位置、形状与面积决定的。

4. 通惠河与京杭大运河是北京城的生命线

“生命线”者，《现代汉语词典》释为“比喻保证生存和发展的最根本的因素”。北京城之所以能作为金、元、明、清四朝的国都，保证其生存和发展的最根本的因素就是通惠河与京杭大运河。因此，可以理直气壮地说：“通惠河与京杭大运河是北京城的生命线。”

通惠河是由北京城东至通州的一段河道，又称里运河。它的前身是金代开凿的闸河。上文我们曾征引过《金史·河渠志·漕渠》的史料，说金朝迁都于燕，东去潞水（指潮白河流经潞县附近的河段）五十里，“故为闸以节高良（梁）河、白莲潭诸水，以通山东、河北之粟”。因此，从金中都到潞水间的漕运河道，人称“闸河”。闸河是由金中都北护城河东到潞县的漕运河道。朝廷从山东、河北征收的大量粮食，顺着一些河道运到潞县后，再通过闸河转运到中都城。因此，潞县的地位和作用就变得十分重要。金天德三年（1151 年），升潞县为州，取“漕运通济”之意，命名为通州，这是今北京通州得名之始。金章宗泰和八年（1208 年），通州刺史张行信说：“船自通州入闸（河），凡十余日方至京师，而官支五日转脚之费。”这话不仅反映了通过闸河向中都城转运漕粮的艰难辛苦，言外之意是嫌政府付出的代价太低了。之后，朝廷“遂增给之”。

为了增加闸河的水量，以利漕运，早在金世宗时就有创开金口河之举。《金史·河渠志·卢沟河》记载：大定十年（1170 年），“议决卢沟以通京师漕运”，也就是想引卢沟河水以济漕运。金世宗高兴地说：“如此，则诸路之物可径达京师，利孰大焉。”于是，让有关衙门的官员制定计划。按照计划，需要征调千里内的民夫参加挖河工程。金世宗念及民艰，诏命不要征调被灾之地的民夫了，可让百官的侍从人员助役。之后，金世宗又敕令宰臣："山东岁饥，工役兴则妨农作，能无怨乎？开河本欲利民，而反取怨，不可。其姑罢之。"眼看就要动工的开河工程就这样废止了。转年（1171年）十二月，中书省臣奏请还是要开河引卢沟水以济漕运，"自金口疏导至京城北入濠，而东至通州之北，入潞水。计工可八十日。"十二年（1172年）三月，金世宗令人重新核实计划，回奏"只可五十日"即完工。金世宗很生气地训斥中书省臣：你们说需要八十天完工，但实际上只要五十天就行了，那三十天纯粹是妨农费工，你们为何不考虑到这一点？（原文是"所余三十日徒妨农费工，卿等何为虑不及此？"）等到工程告竣，河渠开成时，因为地势高峻，河道落差大，又水性浑浊，"峻则奔流漩洄，啮岸善崩；浊则泥淖淤塞，积滓成浅"，结果不能行舟。也就是说，金代所开金口河以济漕运，竟未成功。虽说金口河济漕不行，但还有一定的灌溉之利（参见下文）。

元朝统一全中国，修建了大都城。元大都是全国的统治中心，城市规模远比金中都大，居住的官民及军队尤多，因此元大都对于漕粮的需求和依赖，更甚于金中都。正如《元史·食货志》所说："元都于燕，去江南极远，而百司庶府之繁，卫士编民之众，无不仰给于江南。"换句话说，是江南的米粮供养着元大都。那么，江南的米粮是如何运到远在燕山前怀的大都城的呢？这就靠漕运。

元朝的漕运，曾是海运、河运并重同行。无论是海运还是河运，都是运用海水或河水之利。

起初，江南的米粮自浙西涉江入淮，再由黄河（时黄河由开封向东南流，经徐州、清江，东入海）逆水至中滦（在今开封北、黄河北岸）旱站，然后陆路转运到淇门（在中滦北百二十里，今河南淇县东南、滑县西南），再通过御河（隋永济渠南段，临清以北即今南运河）运达京师。这条漕运路线间有百余里的陆路转运，很是辛苦和不便。

至元十八年（1281 年），开凿了济州河，即由徐州向北，经济州（今山东济宁市）向北至东平路（治须城，今山东东平县），与大清河（今山东境内黄河）相接。济州河的水主要来自山东丘陵西部的汶河、泗河之水。这样，南来的漕船就不必循黄河逆水而上至中滦旱站，可经由济州河北入大清河，再顺水循大清河下至利津河口，进入渤海，北至直沽，再达京师。这条漕运路线较上面一条路程既近，且无陆路转运之苦。但是，好景不长，因为大清河入海口泥沙壅塞严重，舟行困难，故漕船至东平路后，不得不卸粮于东阿旱站，然后陆路转运至临清，再通过御河运入京师。

起初，元代的海运之道，据《元史·食货志·海运》记载，是“自平江（今苏州）刘家港（在今江苏太仓市东北江边）入海，经扬州路海门县黄连沙头、万里长滩开洋，沿山嶴而行，抵淮安路盐城县，历西海州、海宁府东海县、密州、胶州界，放灵山洋投东北，路多浅沙，行月余始抵成山（山东半岛东端）。计其水程，自上海至杨村码头（当即今天津武清区杨村），凡一万三千三百五十里。”可见，这条海运之道是紧傍黄海西岸而行的，不仅路远费时，而且多浅滩暗礁，其路险恶。这条海上漕运之道是哪年开辟的，不见记载。据《元史·世祖纪八》记载，至元十七年（1280 年）七月，“用姚演言，开胶东河”。按胶东河当是胶莱河，因“东”“莱”二字字形相近而讹。胶莱河是连通胶州湾与莱州湾的一条人工河道。开凿这条运河的目的就是为了缩短海道漕运路程，使漕船不必远远绕过山东半岛最东端的成山头，而由胶州湾通过胶莱河西北行，可直接进入渤海，抵界河口。《元史·世祖纪十》记载，至元二十二年（1285 年），“初，江淮岁漕米百万石于京师，海运十万石，胶莱六十万石，而济（州）之所运三十万石”。由此可见，胶莱河在元代漕运中曾占有重要地位，发挥过很大作用，但后来废弃了。至元二十九年（1292 年），朱清创开海运别道，自刘家港开洋，经过一系列的沙滩，过万里长滩后，“放大洋至清水洋，又经黑水洋至成山，过刘岛至芝罘、沙门二岛，放莱州大洋（指渤海），抵界河口（海河入海口）”。这条漕运海道较前者稍微径直。转年（1293年），千户殷明略又探出新道，“从刘家港入海，至崇明州三沙放洋，向东行，入黑水大洋，取（趋）成山，转西至刘家岛，又至登州沙门岛，于莱州大洋入界河”。这条海上漕道，当舟行风信有时，自浙西至京师不过旬日而已，比前两条海上漕道都为便捷。

《元史·世祖纪十二》记载：至元二十五年（1288年）十月，尚书右丞相桑哥建言：“安山（在今山东东平县西、寿张县东）至临清，为渠二百六十五里，若开浚之，为工三百万，当用钞三万锭，米四万石，盐五万斤。其陆运夫万三千户复罢为民，其赋入及刍粟之估为钞二万八千锭，费略相当，然渠成亦万世之利。请以今冬备粮费，来春浚之。”桑哥的这一建议得到元世祖的允肯。至元二十六年（1289年）七月，“开安山渠成。河渠官礼部尚书张孔孙、兵部郎中李处选、员外郎马之贞言：‘开魏博之渠，通江淮之运，古所未有。’诏赐名会通河，置提举司，职河渠事”。会通河开凿成功后，南与此前已开凿的济州河相接，北与御河相通，这样一来，连通海河、黄河、淮河、长江、钱塘江五大水系的京杭大运河就基本定型了。

但是，对于北京来说，元代大运河建设更重要的一项成就是开凿和整修通惠河，因为它解决了漕粮自通州到大都城内的水运问题。在通惠河开通之前，大多数漕船只能驶抵通州，故通州设有都漕运司，亦建有大型粮仓。漕粮由通州运往大都城，一部分通过陆路转运，人推小车或牲畜驮拉十分辛苦，一年才运几万石；一部分是由坝河逆水而上，转运至积水潭，运量也有限。于是，著名水利专家郭守敬倡议开凿由通州至大都城的运粮河。《元史·河渠志·通惠河》记载：世祖至元二十八年（1291年），都水监郭守敬奉诏兴举水利，因建言：“疏凿通州至（大）都河，改引浑水溉田，于旧闸河踪迹导清水，上自昌平县白浮村引神山泉，西折南转，过双塔、榆河、一亩、玉泉诸水，至西（水）

门入都城，南汇为积水潭，东南出文明门，东至通州高丽庄入白河，总长一百六十四里一百四步。塞清水口一十二处，共长三百一十步。坝闸一十处，共二十座，节水以通漕运，诚为便益。”《元史·郭守敬传》亦说：“二十八年，有言滦河自永平（今河北卢龙）挽舟而上，可至上都；有言卢沟自麻峪（在石景山西北）可至寻麻林（在河北万全区西、长城内）。朝廷遣（郭）守敬相视，滦河既不可行，卢沟舟亦不通，守敬因陈水利十有一事。其一，大都运粮河不用一亩泉（在今海淀区西北辛力屯附近）旧源，别引北山白浮泉水，西折而南，经瓮山泊（今颐和园昆明湖的前身），自西水门入城，环汇于积水潭，复东折而南，出南水门，合于旧运粮河。每十里置一闸，比至通州，凡为闸七。距闸里许，上重置斗门，互为提阏，以过舟止水。”元世祖听罢郭守敬的建议，高兴地说：“当速行之。”于是，重新设置都水监机构，特让郭守敬主管。在郭守敬的指授下，工程从至元二十九年（1292 年）春天开始，到至元三十年（1293 年）秋天完成，用了一年多的时间。据《元史·河渠志一》记载：“凡役军一万九千一百二十九，工匠五百四十二，水手三百一十九，没官囚隶百七十二，计二百八十五万工，用楮币百五十二万锭，粮三万八千七百石，木石等物称是。”这年七月丁丑（十三日），元世祖“赐新开漕河名曰通惠”（见《元史·世祖纪十四》）。随着通惠河工程的告竣，大批漕船便可直接驶入大都城内积水潭（今什刹海）。正如《元史·郭守敬传》所说：“先是，通州至大都，陆运官粮，岁若干万石，方秋霖雨，驴畜死者不可胜计。至是皆罢之。”这年九月初一，元世祖从上都回到大都时，过积水潭，亲眼见到积水潭里舳舻蔽水的盛况，高兴极了，重申新开的漕河名曰“通惠河”，并决定赐郭守敬钞一万二千五百贯，以示奖励，还让郭守敬在旧职之外兼提调通惠河漕运事。

郭守敬时的通惠河上共修建了二十四座闸，即广源闸二，西城闸二，朝宗闸二，海子闸三，文明闸二，魏村闸二，籍东闸二，郊亭闸三，杨尹闸二，通州闸二，（补）河门闸二。上列闸名及闸数，见《元史·河渠志一》及《校勘记》相应之条。同书又载：成宗元贞元年（1295年），西城、海子、魏村、籍东、郊亭、杨尹、通州、河门诸闸，分别改名为会川、澄清、惠和、庆丰、平津、溥济、通流、广利闸，而广源、朝宗、文明三闸仍旧名。故《析津志》记载的通惠河的河闸是：广源闸二，会川闸二，朝宗闸二，澄清闸二（应为三），文明闸四（应为二），惠和闸二，庆丰闸二，平津闸三，溥济闸二，通流闸二，广利闸二。同书还在：武宗至大四年（1311年）六月，中书省臣提议："通州至大都运粮河闸，始务速成，故皆用木，岁久木朽，一旦俱败，然后致力，将见不胜其劳。今为永固计，宜用砖石，以次修治。"结果，持续到泰定四年（1327年），通惠河诸闸的改造工程才最终完成。直到今天，人们在广源闸、庆丰闸（二闸）等地仍然可看到元代砖石闸的形象和风采。

到了明代，因为皇陵建在昌平县天寿山，为了不致破坏所谓的"风水"，从昌平白浮泉至瓮山泊（今昆明湖）的引水河道即白浮瓮山河废弃，通惠河的水源断流。

至于北京城中的通惠河，与元代相比，有两点重大变化。一是明永乐间修建北京城时，为了将太庙与社稷坛建在紫禁城前，而将北平城（即元大都南部）向南拓展约二里，即将旧城南城墙废弃，而在其南二里另建北京城新南墙，即崇文门、前门、宣武门东西一线城墙。《明实录》所谓永乐十八年（1420年）十一月甲子"拓北京南城计二千七百余丈"，指的就是这件事。这样一来，就将元大都文明门（大致在东单路口南侧）外的一段通惠河圈入北京城内。北京火车站处原有一段东西向的河道，人称泡子河，就是元代文明门外通惠河的遗存。因为明代在北京大城城墙下未辟水门，所以通惠河里的漕船已进不了北京城。二是元代的通惠河在皇城东墙外南流，漕船由通惠河进入积水潭（什刹海）并不影响皇城内的生活。但到了明永乐年间，北京城内通惠河两岸成为闹市区。《明实录》记载：宣德七年（1432年）六月甲辰（十七日），"上以东安门外缘河居人逼近皇墙，喧嚣之声彻于大内，命行在（因永乐帝死后，明室有迁都南京的打算，故称北京为‘行在’）工部改筑皇墙于河东。皇城之西有隙地甚广，豫徙缘河之人居之。命锦衣卫指挥、监察御史、给事中各一员，度其旧居地广狭，如旧数予地作居。凡官吏、军民、工匠给假二十日，使治居”。六月乙巳（十八日），行在工部言：“筑东安门外皇墙，计用六万五千人，民夫不足，请以成国公朱勇所部士卒三万五千人助役。”宣德皇帝说：“炎暑如此，岂宜兴役？待秋凉为之。”至于皇城东墙移建于通惠河东岸何时完工，尚不知详，只知宣德七年八月己亥（十三日），“移东安门于桥之东”，这似乎透露出移建皇城东墙的工程已近尾声的信息。由于皇城东墙东移，便将原在墙外的一段通惠河包入皇城之内。尽管这段通惠河河道仍在，但因皇城之内是皇家禁地，漕船就彻底不能再通过皇城内的这段通惠河而驶入积水潭了。正统三年（1438 年）五月，造大通桥闸（在北京内城东南角外，即东护城河与南护城河汇流处）成。此后，大通桥闸成为由通州到京城的通惠河漕运的终点，故又名大通河。嘉靖六年（1527 年）巡仓御史吴仲又请重浚通惠河。上源来自玉泉山，河口自张家湾北移至通州城北入白河。现今通州城北的运河故道就是明代改造通惠河所形成。

康雍乾三朝是清代通惠河最为兴盛的时期。主要措施仍是汇集西山玉泉诸水，疏浚通惠河和护城河，在大通桥、大通桥北、朝阳门桥、东直门桥等地各置一闸，入东直、朝阳门一带的裕丰仓、储运仓、太平仓、禄米仓、万安仓等处的漕粮，即可用驳船自大通桥沿东护城河直接浮运。直至道光年间，护城河还水势充盈，驳船满载而行。光绪二十六年（1900 年）京津铁路通车。光绪二十七年（1901 年）全河停运改征白银。自金、元算起相继 700 多年转输京师漕粮的历史任务最终结束。

对于北京，漕运可以因历史原因盛极一时，也可以因社会变迁成为过去。但是，大运河却对北京城市面貌产生了巨大的影响。

通惠河开通以后，“川陕豪商，吴楚大贾，飞帆一苇，径抵辇下（指大都，今北京）”。当时的积水潭作为运河的终点，人声鼎沸，百货云集。其北岸以及今日的烟袋斜街、钟鼓楼地区成为繁华无比的商业中心，“马似游龙、车如流水”。粮行、绢行、木行、果品行、米市、面市、皮毛市、鹅鸭市等应有尽有。商业的发达带来了文化的繁荣，沿岸，古刹林立，水上，吟诗唱赋。元代大画家王冕曾赞云：“燕山三月风和柔，海子酒船如画楼。”几百年过去，积水潭有了不少变化，而现在的什刹海仍是“城中第一佳山水”，仍然是寺院道观、王府园林的集中地，任然是普通市民泛舟游湖、宴饮赏荷的好地方。“银锭观山”、汇通祠（郭守敬纪念馆）仍然是游客必到之处。高珩的《山关竹枝词》“酒家亭畔唤渔船，万顷玻璃万顷天。便欲过溪东渡去，笙歌直到钟楼前”仍然为今人所吟诵。

开凿大运河的初衷是为了漕粮，粮仓是必要的建筑。北京朝阳门内大街两侧就有旧太仓、新太仓、海运仓、禄米仓、南新仓、北新仓等。至今保留下来的人们可以看到的文物有禄米仓、北新仓、南新仓等。老北京城的朝阳门又被称为“粮食门”，在城门洞中有石刻的麦穗作为门徽。

通州作为漕运最重要的中转站，在清康乾时期，平均每年有上万艘漕船抵达通州。通州的粮仓有大运西仓、大运南仓、大运东仓、大运中仓。其实，通州整个城市完全是因运河而兴起，因运河而发达。元代通惠河开通后，通州开始“编篱为城”。明初用砖石筑通州城，周九里三十步，开四门，东门曰“通运”，西门曰“朝天”，点明了与漕运以及京城最为直接的关系。通州这个名称本身就是“通漕天下”“漕运通济”的表达。对通州当时漕运的盛况，乾隆年间绘制的《潞河督运图卷》（现收藏在国家博物馆）有生动的记录。

至今，上起昌平白浮泉，下至通州张家湾，通惠河、北运河沿线仍留有不少与运河密切相关的文化遗产。

上面讲的是城市的商业、风景、建筑、文物的点滴情况，实际上运河对北京的影响要深刻得多。是大运河将北京这个政治中心和南方经济中心连成一线，保障了北京的经济来源。是大运河贯通了沿线文化，促成了北京的城市精神和丰富的文化。大运河是朝廷驾驭全国的重要通道。大运河是人才集散的管道，大运河是当时北京政治稳定、社会稳定的基石。所以，侯仁之先生说："通惠河是向大都城内输送血液的大动脉，大运河也是几朝几代北京驾驭全国的重要通道。"

（三）北京灿若群星的水文化及其思考

1. 北京灿若群星的水文化

与北京城市历史和性质相关联，尤其是与首都功能相关联，北京更有一批特有的水文化。

（1）"一池三山"

古代帝王企求过神仙般的生活，更祈求长生不老。汉武帝就曾派出大船，去东海寻找传说中的蓬莱、方丈、瀛洲三座仙山。没有找到，就在长安建章宫的北面挖了一个大池，叫太液池，池中堆出三个岛，称蓬莱、方丈、瀛洲，这就是"一池三山"。唐代在大明宫后挖太液池，池中有蓬莱山。白居易的《长恨歌》中就有"太液芙蓉未央柳"的句子。宋徽宗在汴梁修筑艮岳，把园中的土山也用"三山"之名称之。

如果说，之前的帝王所追求的"一池三山"很大程度上受到各种条件和因素的限制，而达到登峰造极境界的则是元明清的北京宫苑。元世祖忽必烈十分欣赏当时金中都东北郊金大宁离宫所在的湖泊群，所以在规划元大都时，决定以这片湖泊的南部作为皇家宫苑的太液池，这就是现在的北海和中海。到了明代，又在中海之南加挖了南海。元明清三代，"一池"水面有增缩，"三山"有变化，但是"一池三山"的核心文化并没有改变。尤其难能可贵的是，在北京城中心区，宏伟严整、金碧辉煌的紫禁城与波光柳影、绿水蓝天的"三海"相辉映，形成了一处真正的人间美景。

（2）玉泉山与金水河

玉泉山位于北京西北郊，逶迤南北，六峰连绵，是小西山的余脉。由于地处山麓的潜水溢出带，这里"土纹隐起，作苍龙鳞，沙痕石隙，随地皆泉，水清而碧，澄洁似玉"，故泉名玉泉。公元 1190 年，金章宗曾在这里建"泉水院"作为避暑胜地。后又将"玉泉垂虹"列为"燕京八景”之一，一因“泉味甘洌”，二因水量十分充沛。元明清三代，这里依然是林泉胜地，“山下泉流似玉虹，清冷不分众泉同”。从元代开始，引玉泉水作为宫苑禁水，单独流至大都城，这就是金水河。据《元史·河渠志》记载：“金水河其源出于宛平县玉泉山，流至和义门（今西直门）南水门入京城，故得金水河名。”另有“金水河所经运石大河及高梁河、西河俱有跨河跳槽”的记载。今天玉泉山下还存有一段“金河”，水利史专家推断是元代金水河的孑遗。在民国初年的地图上可以看出，这条水道隐约通到火器营之南，然后沿车道沟通至西直门南侧水关入城后，向东向南至今甘石桥分为两支，分别流入皇城，作为太液池的水源以及苑林用水。为了保证水流的洁净，朝廷明令“禁玉泉山樵采鱼弋”，并“濯手有禁”。可见当时此水之珍贵。一直到清朝，宫廷之水都取之于玉泉。据传乾隆皇帝还亲自认定玉泉为天下第一泉。由此直到清末，每天凌晨西直门城门一打开，第一个进城的就是皇家的运水车，装满玉泉水的水车，插着龙旗，盖着绣龙的大毡布，招摇过市。

（3）昆明湖与万寿山

昆明湖的前身曾名“金水池”“瓮山泊”“西湖景”，相应于万寿山的前身曾名“金山”和“瓮山”。此湖和此山的开发经过了几个阶段，历元明清三朝，终于成为京城名胜、世界文化遗产。

我们前面已经讲过，元代郭守敬为解决通惠河的水源问题，自昌平白浮泉起，收集西山诸泉之水，沿白浮瓮山河导引至瓮水泊，并对瓮山泊进行了一番开发，将开挖瓮山泊的土堆积到瓮山上，从此使这里变得山高水阔而风光优美，更重要的是瓮山泊成为北京水利史上第一座水库，具有调节通惠河水量的重要功能。到了明代，明孝宗于弘治七年（1494年）为他乳母助圣夫人修建了一座园静寺。随后是明孝宗的继任者明武宗进一步建设了有山有水的“好山园行宫”，将“瓮山”又改回原名“金山”，将“瓮山泊”改名为“金海”，又比拟于杭州西湖之景，称为“西湖景”。到了清代，就进入了一个更为重要的发展阶段。乾隆十五年

（1750 年），乾隆皇帝下大力气进一步开发和改造，当时的名义是为他生母孝圣皇太后庆贺六十寿辰，实际上还有一个更深层次的目的，是挖深、扩大瓮山泊以利在湖中训练水师。历史上汉武帝为征讨昆明，曾在长安挖“昆明湖”以练水兵，乾隆皇帝仿效其意，将“瓮山泊”亦改名为“昆明湖”，同时将“瓮山”改名为“万寿山”，并大兴土木，拆毁明代的园静寺，改建大报恩延寿寺。这时的昆明湖面积达 220 多公顷，占全园面积的四分之三。碧波映衬，天光云影，取园名“清漪园”。这段历史在《日下旧闻考·国朝园囿》中有记载:“疏导玉泉诸派，汇于西湖，易名曰昆明湖。设战船，仿福建广东巡洋之制，命闽省千把教演。自后每逢伏日，香山健锐营弁兵于湖内按期水操。”还有，造园师在照顾军事需要的同时，也满足了统治者精神生活的需求，在昆明湖中点缀了三座岛屿：“南湖岛”“团城岛”“藻鉴堂岛”，用以象征传说中的蓬莱、方丈、瀛洲。乾隆在诗中赞叹清漪园的风光：“何处燕山最畅情，无双风月属昆明。”

至于 1860 年，英法联军侵入北京，北京的“三山五园”毁于侵略者的罪恶之手，以及慈禧重建颐和园等历史，大家都熟悉，不再赘述。

（4）关于水的著述

人们在与水的长期相处中，逐步加深了对水的认识和体验，也逐步加强了对水的关注和研究，由此产生了一批关于水的著作。历史上北京关于水的著述基本上可分三类。第一类是在《二十四史》中，其《地理志》《河渠志》多有记述北京地区水的文字，特别是《辽史·地理志》、《金史·河渠志》、《元史·河渠志》、《明史·河渠志》以及未列入《二十四史》的《清史稿·地理志》、《清史稿·河渠志》等。第二类是专门的水的著作，其中包含了对北京地区水的记述如《水经注》。《水经注》中的灅水（有的版本作漯水，即今永定河）、灅馀水（有的版本作漯馀水，即今温榆河）、沽水（今白河）、鲍邱水（今潮河）、巨马河（今拒马河或涞水）等篇，都与北京有关。第三类是关于北京水的专门文献，如《畿辅安澜志》《永定河志》《通惠河志》《行水金鉴》《续行水金鉴》等。

我们选择其中的《永定河志》作一剖析。《永定河志》是清嘉庆二十年（1815年）由当时的永定河道李逢亨编纂的，共三十二卷。其中除一卷记述上起三国曹魏下至明代的河防情况外，全书主体断代是清康熙三十七年（1698年）至嘉庆二十年。这三十二卷共分八门，其中《奏议》十六卷是直隶总督及钦差大臣历年的奏章，包括对大汛水情、险情、灾情和工程等情况的报告。其余十六卷中，有《绘图》一卷、《集考》三卷、《工程》五卷、《经费》两卷、《建置》一卷、《职官》两卷、《古迹》一卷、《碑记》一卷。其中《集考》包括河道河源考证及历代河防，主要是清代以前永定河水的情况。《工程》除石景山厅和南、北岸厅及三角淀的工程之外，还记述了下口的疏浚及修守事宜。在32卷正文之外，集李逢亨二十年治理永定河心得体会的《治河摘要》附录于后。由于李逢亨曾任永定河三角淀通判、南岸厅同知和永定河道等官职，曾先后经历八次永定河大洪水，包括嘉庆六年（1801年）永定河历史上最大的那次洪水，他对永定河的水情和工程各项工作颇有经验和心得。《永定河志》具有重要的科学价值和文化价值。

（5）关于水的地名

北京地区与水有关的地名很多，例如：带江字的地名有九江口，带河字的地名有三里河、清河、西坝河、东坝河、沙河、万泉河、团河等20多个。有的学者称北京原来有160渠，带渠字的地名有琉璃渠、次渠、渠头等，带湖字的地名有太平湖、姜庄湖、响水湖等10余个，带海字的地名有海淀、小海子、三海子、海子角等六七个，带水字的地名有水锥子、水南庄、水道子、水堡子、水头村等七八个，带川字的有韩家川，带湾字的有百子湾、湾子、马家湾、郝家湾、小河湾、龙湾屯等八九个，带泉字的有玉泉营、温泉、双泉堡、龙泉务等七八个，带潭字的有积水潭、白龙潭、青龙潭、黑龙潭等七八个，带滩字的有沙滩、北沙滩、南沙滩、南滩、中滩等七八个，带沟字的有门头沟、巴沟、二里沟、康家沟等二十多个，带沿字的有南河沿、北河沿、沿头等，带池字的有南池子、北池子、莲花池、金鱼池、南甘池等，带洼字的有洼里、窑洼、西洼、北洼；洼、洼边村等十多个，带渡字的有从一渡到十渡，带涧的字有白虎涧、前沙涧、后沙涧、清水涧、木城涧等，带沙字的有沙窝、沙子口、沙子营、金沙峪、东沙窝等，带渠字的有广渠门、南湖渠、北湖渠，带潞字的有潞河、潞庄、小潞邑等，带汤字的有小汤山、大汤山、汤河口等，带溪字的有野溪，带流字的有大东流；带浮字的有大浮坨，带泗字的有里二泗，带汾字的有汾庄，带渊字的有玉渊潭。

此外，北京还有一大批以与水密切相关的字命名的地名。这些字如桥、井、坞、闸、坝、堤、坑等。还有的地名字面上与水无关，但含义上却密切相关，如钓鱼台，有鱼才能钓，有水才有鱼。又如与冰窖有关的地名，一般离河湖不远，等等。

2. 历史启示理性思考

要强调指出的是，上面罗列的北京水文化种种，实际上挂一漏万。但无论事大事小、领域各异、形式杂陈，其实质都是关于北京人对北京的水的感情、认识、态度、举措的反映，其中有成功，有智慧，有失败，有教训，值得今人高度重视，包括深刻回顾历史，理性思考现实。

第一，永定河上游流域的山地都设置过专门机构，负责采伐木材和柴炭。所以，元代留下来的著名的《卢沟运筏图》不是偶然的。另外，明代为建北京城，山西是重点伐木地之一。至于北京城所需柴炭，多是在永定河、拒马河上游流域采办的。永定河等上游流域的林木被严重破坏的结果，造成水土流失加剧，河水泥沙增多，水质变浑变浊。《水经注》谓永定河出山后称“清泉河”，元明时则称“浑河”、“无定河”或“小黄河”了。河名的变化反映了河性的变化。河水中大量的泥沙使下游河道淤积严重，导致频频决口泛滥，不仅造成惨烈的水灾，而且泛滥的浑水泥沙又不断地将平原地区的一些泉眼和湖泊湿地淤平湮灭。

第二，从金元明清至今的八百多年间，除短时间外，北京都是国家的都城。北京的城市性质和功能决定了对水的特殊需求。特别是在金元明清的封建社会时期，为了供应国都尤其是皇家对粮食和其他物资的需要，大力发展漕运，为保持北运河漕运畅通，几代封建王朝都不惜人力、物力和财力，特别注重对北京地区水源的开发利用和保护。这是金元明清时期北京地区水情较好的重要原因之一。但自清末铁路兴起、漕运废止之后，人们不再那么重视大运河了，连同北京地区的其他河湖水道也放任自流，少加整治。新中国成立后，北京地区先后修建了官厅、十三陵、密云、怀柔、海子等大大小小的水库上百座，利弊共存。

第三，随着历史的演进，社会的发展，人口急剧增多。清代初期，全国人口仅一亿多，至中后期，已达三亿多。新中国成立之前，全国是四亿五千万同胞，如今已是十三亿之众。就北京来说，新中国成立之初不过二三百万人口，而今已多出千万。人口成倍地乃至数倍的增加，无疑对北京的水资源和水环境产生深刻影响。主要表现在三个方面：其一，用水量大大增加，或者说对水资源的消耗大大增多。特别是随着工农业经济的发展和人们生活水平与生活质量的提高，用水量大大增加，尤在情理之中。这不仅造成地面水量的减少，而且也致使地下水位下降，以至北京城区的地下水位形成巨大的漏斗状。其二，加速一些湖泊湿地的消失。这主要是因人口增多而扩大土地垦辟的结果。其三，水环境污染严重。由于人口增多，各种各样的垃圾无穷无尽。大量的建筑垃圾填埋坑塘，肮脏的生活垃圾侵入水体或附近环境，造成部分地面储水和某些区域地下水的严重污染，有水不能用，大大降低了水资源的利用率。

第四，大自然有一个规律，就是有多雨期和少雨期。根据史书记载和大量史料统计的结果显示，北京地区的多雨期和少雨期大约各持续50—70年上下，即相当于一个“甲子”，然后相互转换。根据有关部门的资料，新中国成立后的六十多年间，北京地区的年降水量呈现减少的总趋势，即进入新一轮的少雨期。当然，这期间也有多雨之年，但属极少数。降雨量总体减少，而用水量却日益增多，毫无疑问，这也是如今北京水资源紧张和水环境恶化的一个原因。

实际上，世界上任何一个城市都有其自身的优势和劣势、长项和短项。首先人们要对这个问题做出正确的判断，尤其是对劣势和短项有清醒的认识。前面讲到永定河是北京的母亲河，要知道，由地理环境所决定，永定河的水患是时有发生的，甚至是很严重的，以至于在历史上曾被称作“无定河”。清康熙皇帝亲政之后不久，就明确了三件政府必须办理的大事，并将这三件大事写在宫中柱子上，天天提醒自己。其中一件大事就是河务，包括“无定河”的治理。在治理永定河的实际工作中，康熙皇帝甚至亲力亲为，还向老农请教。康熙朝对永定河的治理取得了“安澜三十年”的效果。实际上，在北京城市发展史上，凡是重视解决水的问题的阶段，就往往是社会稳定、经济发达、文化繁荣的时期。

除了重视与否，“人的智慧”集中体现在解决北京城水问题的“点子”上，亦即其科技含量上。这方面来自历史的案例十分丰富。当然，由于社会的进步、科技的发达，今人手中有了更多解决问题的办法，但这并不排斥古人的智慧对我们的启示。尤其是在水资源有限的条件下，如何用最少的水办最大的事，以保障北京这个城市首都功能的充分发挥，更需要从古人那里汲取智慧。

因受地理位置、地形和季风影响，北京降水量以及地表径流的时空分布极不均匀，年际之间丰枯相差悬殊。这是北京水情的一个基本要点。而且，这种丰枯的变化是有一定统计规律的。对此，前人曾有过总结。清康熙五十二年（1713 年），康熙皇帝说：“昔言壬辰、癸巳年应多雨水”“朕记太祖皇帝时壬辰年（万历二十年，1592 年）涝。世祖皇帝癸巳年（顺治十年，1653 年）大涝，京城内房屋倾颓。明成化癸巳年（成化九年，1473 年）涝，城内水满，民皆避于长安门前后，水至长安门，复移居端门前。若今淫雨不止，田禾岂有不损耶？”康熙皇帝的这番话是经验之谈，值得特别重视。

据市文史研究馆馆员、历史地理学家尹钧科的研究，从秦汉至今，共有38轮壬辰、癸巳年。查阅史书，其中有80%的壬辰、癸巳年北京雨多水大，形成不同的灾害。尹钧科当时提醒：2012年、2013年又是壬辰年、癸巳年，是否北京会雨多水大，人们不妨拭目以待。人们还是提高警惕，宁信其真，以免届时措手不及。

从防洪方针上说，古人一方面重视传统的工程防洪，另一方面也具有化害为利、将洪水资源化的意识和举措。包括北京小平原在内的华北大平原有丰富的古河道和湖泊洼淀群，具备雨洪利用、地下水回灌的良好条件。北宋时期海河流域利用水利措施，有效控制了大部分湖泊洼淀的范围和水深达百年之久，就是成功的历史经验。显然，洪水资源化是历史对我们的启示。在今天的资源状况和社会经济条件下，将大气降水更多更快地转化为地下水，蓄水于地下，对于预防持续、跨流域的极干旱具有重要的战略意义。从整体上看，北京的河道防洪要从传统的工程措施向工程与非工程措施相结合的现代化防洪模式转变，防止水土流失是其中的重点之一。

在供水与用水平衡问题上，与传统农业社会用水相比，当今工业化、城市化条件下的用水是两种历史阶段间的转折和变化。水的价值商品化，水越用越快、越用越少、越用越贵。这是北京社会经济发展和水资源有限所决定的。另外，也要看到北京历史上形成的民间控水传统和节水习惯是克服上述困难的有效武器。只是这个武器在遭遇现代社会用水的强大冲击后，开始难以抗衡，需要全社会的大力自省、保护和恢复，将古人创造的亲水、控水、节水习俗再度价值化，引导社会全体成员厉行节约，合理用水。并且将它作为民间治水的核心内容，与国家层面的治水（如“南水北调”）、北京市层面的治水（如调控人口、调整产业结构、流域治理、省际协调等）一起构成一个包括政府和民间共同努力的完整的治水体系。

北京城市在历史上也曾水系河道丰富，支撑了北京城市社会经济的发展和景观的建设，创造了独特的基于首都政治文化中心的历史水文化。前面已有不少事例，再举两个，都是涉及政治文化的。一个是明代永乐年间，明成祖朱棣为安抚那些帮他造反称帝的江南文武大臣，特命在后海北沿的三圣庙附近开辟水稻田，建桔槔亭，造水车房，甚至令人扮演农夫，“打”江南号子，唱江南社戏，营造出一个江南水乡小景。后来，还让人在整个积水潭周围广植桃柳，遍辟稻田。再一个例子是20世纪50年代整治龙须沟，极大地改善了当地环境。工程竣工后，作家老舍为此写了著名的话剧《龙须沟》，成为新中国的一曲颂歌，在全国产生了重大的政治影响。当前，城市河道的修复正在成为国际上的一项重要工作，其重点在于河道水环境治理、水质改善和生态修复。近年来，北京市在结合城市建设和改造工作中，对城市河道的治理和修复也做了很大努力。东城区对玉河的复建就是一例。我把它称为“北京历史文化名城保护工程的一个典范”。其他还有转河的修复、通州运河和门头沟、丰台永定河段的治理和景观建设等。在这方面，北京还有不少工作要做。

当前，北京正朝着建设有中国特色的世界城市的目标努力。如何让城市更具活力和生命力，城市河道的修复和历史水文化的发掘是一个非常好的切入口，建议予以更多的重视。

二、清代直隶地区水利营田演变

清代直隶所辖范围，包括今北京、天津、河北全省，以及河南、山东北部地区。这一区域西北部为高原山地，地势高亢，从西部往东南逐级下降，至京畿一带，地势平坦，河流湖淀遍布。这样的地形水系分布特点使该地区历来就是水患频发之地。又因年降水量分布极不均衡，春季干旱少雨，夏秋两季降水则较为集中，往往非旱即涝，旱涝交替。直隶作为京畿重地，水患直接威胁到京师的安全，自然不能不引起最高统治者的重视。自金元建都北京以来尤其是明清定都北京后便“仰食于东南”，出于保障漕运畅通的考虑，最高统治者必须治理直隶水患。同时，为了发展直隶地区农业生产，减轻对于东南漕粮的依赖，在畿辅地区发展水利营田便和除水害、兴水利结合在一起，尤为清朝统治者所重视。

（一）清朝以前及清初京畿水利营田初步认识

直隶地区进行水利营田建设历史由来已久。“宋臣何承矩于雄、鄚、霸州、平、永、顺安诸军筑堤六百里，置斗门引淀水溉田；元臣托克托大兴水利，西自檀顺、东至迁民镇，数百里内尽为水田。”[①]明迁都北京，每年漕运到北京的漕粮已达400万石。明朝中后期，黄河泛滥，决溢频发，加之北方农民起义时起，漕运频繁受阻。在这种情况下，在北直隶地区发展水利营田的主张又重新受到重视。弘治年间邱浚重提“元臣虞集京东滨海一带水田之议”，认为应当从“闽浙滨海州县筑堤捍海去处，起取士民之知田事者”，前往京东沿海地区，“筑堤岸以拦卤水之入，疏沟渠以导淡水之来”，如此“则沿海数千里无非良田，非独民资其食，

① ［清］朱轼．畿南请设营田疏．清经世文编．卷108：工政十四．

而官亦赖其用"[1]。嘉靖年间，兵部尚书李承勋建议在天津一带"开通陂塘，筑堰引水，以种稻田"[2]。但这些建议多未能实施。万历初，工部给事中徐贞明上疏，应当改变神京"仰给东南"的局面，认为"西北有一石之入，则东南省数石之输"，认为直隶地区应该营建水田，发展农业生产，并指出其可能性——"畿辅诸郡，或支河所经，或涧泉自出，皆足以资灌溉"。[3]徐贞明被贬官后，对京畿地区进行了实地考察，并绘制地图，作《潞水客谈》一书，详细阐述了自己的见解，并论证北京开发水利的必要和可能，主张先在京东水利条件较好的地方营建水田，继而推广于京畿其他地区。万历十三年（1585年），徐贞明被任命为尚宝寺少卿，受命前往京东地区实施水利营田，第二年便在京东永平府东西100余里、南北180里的范围内营田3.9万余亩，取得一定成效。后因朝中北方缙绅害怕自身利益受营田侵害而加以反对，最终徐贞明被罢官，其主持京畿水利营田也随之中途而废。[4]此后，又有汪应蛟、左光斗、卢观象、张慎言、董应举等人相继在京畿地区开展水利营田，虽取得了一定成果，但最终因种种原因而作罢。[5]

清初，针对直隶地区水患问题，已经开始着手治理。如康熙二年（1663年）夏，直隶地区水患成灾，清廷即派员视察，并对附近"凡堤岸之应修者，实行培筑，淤浅之应疏者，实行挑浚"[6]，但因清廷立足未稳，只在小范围内对直隶河道堤防进行一些修整。康熙亲政后，以三藩、河务、漕运为三大事。在解决三藩问题以后，国力日渐强盛，便尤其注重河务、漕运等事。此时，直隶地区治理水患问题自然就受到朝野上下有识之士的共同关注，进而提出应将直隶地区治理水患、兴修水利以及发展垦荒营田结合在一起，通盘考虑。如"欲劝垦荒，当先治水，水患全

① ［明］邱浚．屯营之田·海田．明经世文编．卷72.
② 明世宗实录．卷112.嘉靖九年四月癸亥．
③ ［明］徐贞明．西北水利议．明经世文编．卷398.
④ 李成燕．明代北直隶的水利营田［J］．文化学刊，2009（5）.
⑤ 蒋超．明清时期天津的水利营田［J］．农业考古，1991（3）.
⑥ 清文献通考．卷6：田赋考六．

除，则荒地不劳劝而争辟矣”。（吴柽《牧济尝试录·垦荒》）在畿辅水利事业取得一定成绩后，一些大臣提出应在条件许可的地方营建水田，如康熙三十九年（1700 年），李光地“修子牙河及筑大城、河间、献县等堤岸”，上《请开河间府水田疏》，认为“南方水田之法行之畿辅往往有效”，并以涿州为例，“曩者涿州水占之田一亩，粥钱二百尚无售者，后开为水田一亩典银十两”，而河间府“一带原属洼下水乡”，“静海、清县上下一带”“献县、交河等与正定接壤之处”等处皆可兴水田，并指出此举能够“资水之利即以除水之害也”[①]。同年御史刘珩建言，认为“永平、真定近河地，应令引水入田耕种”。对此建议，康熙有所采纳，“水田之利朕所洞悉已交李光地见令引水耕种”，但同时指出“水田之利，不可太骤。若刻期齐举，必致难行”。[②]康熙四十三年（1704 年），天津总兵官蓝理请于丰润、宝坻、天津开垦水田。康熙对这一建议并不以为然，说道：“昔李光地有此请，朕以为不可轻举者，盖北方水土之性迥异南方。当时水大，以为可种水田，不知骤涨之水，其涸甚易。观琉璃河、莽牛河、易河之水，入夏皆涸可知。”[③]此后，部臣仍多次重申这一建议，康熙仍坚持“此事暂宜存置”，但“可令蓝理于天津试开水田”。

（二）清中期直隶地区水利营田事业的兴起与转折

康熙一朝对于直隶地区的水利治理可以说奠定了基础，但康熙皇帝本人对于直隶地区营建水田始终持一种谨慎态度，认为南北有异，不可轻举。雍正皇帝即位后，出于“直隶地方，向来旱涝不备，皆因水患未除，水利未兴所致”[④]的考虑，“于畿辅水利尤多区画”[⑤]。雍正三年

① ［清］李光地．请开河间府水田疏．雍正．畿辅通志．卷 94.
② 东华录．康熙三十九年九月庚戌．
③ 清史稿．志 111：河渠四．
④ 雍正上谕内阁．卷 39. 雍正三年十二月丙戌．
⑤ 清史稿．志 111：河渠四．

（1725 年）夏，直隶大水，同年，雍正帝命怡亲王及大学士朱轼前往实地查勘。经多次实地查勘以后，怡亲王及朱轼等人对于直隶地区诸河流域的情况有了深入了解，并绘制详图，认为“直隶之卫河、淀河、子牙河、永定河皆汇于天津州大直沽入海。此直隶水道之大略也”，此后在经过一番统筹规划后，提出“浚治卫河、淀池、子牙、永定诸河”[①]，上疏呈各河流域治理方略，主要有疏浚深广、多开引河、在危险河段加固堤坝、在海口修建闸坝等方法。进而又提出“于京东之滦蓟、天津，京南之文霸、任丘、新雄等处各设营田专官”[②]以营建水田。雍正对怡亲王及朱轼的工作非常满意，认为“从来未有之工程，照此措置，似乎可收实效。具见为国计民生、尽心经画。甚属可嘉，著九卿速议具奏”[③]。此后，怡亲王及朱轼等又多次上疏，分别就畿南、京东、京西等地水利治理及营田事物等情况上奏。雍正四年（1726 年），根据怡亲王的建议，将京畿水道分为四局，“以南运河与臧家桥以下之子牙河、苑家口以东之淀河为一局，令天津道领之；苑家口以西各淀池及畿南诸河为一局，以大名道改清河道领之；永定河为一局，以永定分司改道领之；北运河为一局，撤分司以通永道领之”[④]。并设水利营田府，命怡亲王总理其事。雍正五年（1727 年），又将原先营田四局加以调整，分立四局，为京东局统辖丰润、玉田、蓟州、宝坻、宁河、平谷、武清、滦、迁安等九州县营田；京西局统辖宛平、涿州、房山、涞水、望都、唐县、安肃、安州、新安、霸州、文安、大城、任丘、定州、行唐、新乐、满城等十七州县的营田；京南局统辖正定、平山、井陉、邢台、沙河、南和、磁州、永年、平乡、任县十州县的营田；天津局统辖天津县和静海、沧州部分滨海地区及兴国、富国二场营田。[⑤]

其后又多次增派官员，调整人事，明确赏罚等以保证营田水利事业

① 清史稿．志 111：河渠四．
② ［清］朱轼．畿南请设营田疏．清经世文编．卷 108：工政十四．
③ 清世宗实录．卷 39. 雍正三年十二月丙戌．
④ 清史稿．列传 7：诸王六．
⑤ 清文献通考．卷 6：田赋考六．

的顺利进行。经过一年的营建后，确实取得了明显的效果。怡亲王在给雍正皇帝的奏疏中，提到“据各处陆续呈报：营成京东滦州、丰润、蓟州、平谷、宝坻、玉田等六州县稻田三百三十五顷，京西庆都、唐县、新安、涞水、房山、涿州、安州、安肃等八州县稻田七百六十顷七十二亩，天津、静海、武清等三州县稻田六百二十三顷八十七亩，京南正定、平山、定州、邢台、沙河、南河、平乡、任县、永年、磁州等十州县稻田一千五百六十七顷七十以上，官营稻田三千二百八十七顷三十七亩。其民间亲见水田利益，鼓舞效法自营己田者，如文安一带多至三千余顷，安州、新安、任丘等三州县多至二千余顷。且据各处呈报，新营水田俱系十分丰收，田禾茂密，高可四五尺，颖栗坚好。每亩可收稻谷五六七石不等。”[①]据这尚不十分全面的数据统计，官方民间总共营建的水田亩数不可谓不多。而据《清史稿》更为详细的记载，表明“自五年分局至七年，营成水田六千顷有奇”。[②]正是有如此大面积的水田，直隶地区的稻谷较往年大为增加。雍正五年（1727 年）“直隶水田稻谷丰收”，但由于直隶地区“民间多不惯食稻米”，大量稻米无人消费，以致州县官吏“竟有逼勒小民、强买稻米者”，为此怡亲王及大学士朱轼上疏“请发银采买米石，使得卖米价银，转买小米高粱”。[③]而京南局所产稻米尤为丰收，主管京南局的华兴为此上疏雍正“请发钱买水田谷运通仓”。[④]雍正八年（1730 年），直隶地区水田“收成颇丰”，[⑤]本地区消费有余。雍正九年（1731 年），山东济南、兖州、东昌等地区遭受水灾，虽然山东“登、莱、青三府。尚有存仓之谷百余万石”，但“转运甚难”，而直隶地区稻米供应充裕，“米价亦平”，雍正皇帝便下令“或从直隶采买米石，令回空粮船运至东省，或将南漕截留数十万石”[⑥]。

---

① 恭进营田瑞稻疏．雍正．畿辅通志．卷 94.
② 清史稿．志 111：河渠四．
③ 雍正朝实录．卷 63. 雍正五年十一月庚申．
④ 清史稿．列传 264：循吏二．
⑤ 雍正朝实录．卷 103. 雍正九年二月乙未．
⑥ 雍正朝实录．卷 103. 雍正九年二月乙未．

雍正年间对直隶地区的水利整治下了很大的工夫，经过实地勘察，全盘考虑，周密规划，付诸实施，对直隶各个水系河道都进行了有效的疏浚，修建加固了重要河段堤坝，基本上保证了畿辅重地不再遭受水患的威胁。在此基础上，更是大力推进营田水利建设，在条件许可的地方开沟渠、营稻田，对直隶地区的农业发展有很大促进作用，取得了显著的成果。

乾隆即位以后，对于直隶地区营田事务则一改雍正的积极热忱，显得较为保守谨慎。雍正十三年（1735 年），雍正驾崩后，乾隆初即位便一改雍正有关营田的相关政策，认为营田水利“事关地方，必须本地方有司实力奉行”，“意将营田观察使撤回，专交地方官管理”[①]。乾隆元年（1736 年）更是明确规定，“一切新旧营田，交各该州县管理。如本任事务匆忙。即委所属佐杂协办”。[②]从营田水利局到交由各州县管理，再到各州县所属佐杂，管理营田水利事务机构等级一步步降低。同年在给总理事务大臣的上谕中，乾隆在肯定雍正朝营田水利成绩的同时，更着重指出“夫州县地方，原有高下之不同。其不能营治水田，而从前或出于委员之勉强造报者，自应听民之便，改作旱田，以种杂粮”[③]。此后直隶地区或是因旱而改种杂粮，或是因水涝而改种苇藕者，乾隆都予以承认，不愿再费精力，勉强维持。乾隆八年（1743 年），河间、天津大旱。乾隆九年（1744 年），御史柴潮生为此上《敬陈水利救荒疏》，指出应在直隶地区兴修水利，发展水田。但同时又考虑到直隶地区确有不适应种水稻之处，指出：“且今第为兴水利耳，固不必强之为水田也，或疏或浚，则用官资；可稻可禾，听从民便。”[④]这较之于雍正年间一味强求发展水田有所不同。乾隆二十七年（1762 年），工部侍郎范时纪上奏，指出“京南霸州、文安等处，地势低洼，易致淹浸，请设法疏通，

---

① 清高宗实录 . 卷 7. 雍正十三年十一月辛酉 .
② 清高宗实录 . 卷 21. 乾隆元年六月辛卯 .
③ 清高宗实录 . 卷 53. 乾隆二年闰九月乙亥 .
④ ［清］柴潮生 . 敬陈水利救荒疏 . 清经世文编 . 卷 108：工政十四 .

添筑堤埝，改为水田”。乾隆对此仍秉持以往态度，认为这些低洼之处积水成患，不过是这一两年来雨水较多所致。对于范时纪改种水田的建议不以为然，指出“从前近京议修水利营田，未尝不再三经画，始终未收实济，可见地利不能强同”。随后将此奏折抄寄时任直隶总督方观承，令其细心筹议。不久后，方观承便上奏附和乾隆旨意，认为“直属试种水田潴涸不常，非地利所宜”[①]。乾隆三十七年（1772 年），时任工部侍郎的裘日修奉命督修浚永定、北运诸河，针对河道附近居民与水争地的情况上疏，乾隆谕曰“乃濒水愚民，惟贪淤地之肥润，占垦效尤。不知所占之地日益增，则蓄水之区日益减，每遇潦涨，水无所容，甚至漫溢为患。在闾阎获利有限，而于河务关系非轻，其利害大小较然可见”[②]，对此屡经降旨饬谕。可见乾隆认为直隶地区河道附近淀泊的重要之处在于涵养水源，若强行占垦，虽然能增加田亩，但对于水利河务大为不利。

总之，乾隆一朝基于“南北地势异宜”的认识，在肯定雍正朝直隶水利营田有利于治理京畿水患等成绩的同时，更强调“从前近京议修水利营田，始终未收实济”[③]，认为经济效益并不高。因此在政策方面，不再如雍正朝那样鼓励发展营田事务；在机构设置上，将统领营田水利事务的营田观察使撤回，将营田事务交给地方官员。乾隆年间，直隶地区基本上没有再大规模的新建营田，对于已有的水田，或是因为干旱而改为旱地，或是因为水涝而改种苇藕，听民自便。因此，乾隆朝的直隶营田成绩自不如雍正朝，水田亩数大为减少，其稻米总产量也随之下降。《户部漕运全书》中记载，“通仓支放官俸六色米内粟米一项，于雍正六年钦奉恩旨，发帑采买直隶营田稻米抵粟支放。乾隆四年，因直属歉收，停止采买，不敷支放，奏准以稜抵稻支给”[④]，可见乾隆年间直隶所产稻米数量较之于雍正年间大为下降。

---

① 清高宗实录．卷 673．乾隆二十七年十月己酉．

② 清高宗实录．卷 911．乾隆三十七年六月壬午．

③ 清高宗实录．卷 673．乾隆二十七年十月己酉．

④ 户部漕运全书．卷 60：京通储粮·俸甲米豆．

（三）清中后期直隶地区水利营田的衰落

嘉庆以后，有关直隶地区是否适宜开辟水田，朝野官员学者争议纷起。有力主直隶地区应当而且也具备条件营建水田、种植水稻者，也有认为直隶地区土壤、气候、水文等条件都不适宜种植水稻者。不可否认的是，无论哪种意见占据主流，直隶地区的水利营田事业渐渐废弛了。嘉庆在位期间，命方受畴经画治理直隶水利，在此期间，方受畴对于直隶地区的河道淀泊修整不断，如嘉庆五年（1800年），“挑浚橜牛河、黄家河，及新安、安、雄、任丘、霸、高阳、正定、新乐八州县河道”[①]；嘉庆六年（1801年），“拨内帑挑浚紫禁城内外大城以内各河道，及圆明园一带引河”[②]；嘉庆十六年（1811年），“以畿辅灾歉，命修筑任丘等州县长堤，并雄县叠道”[③]等。虽然对直隶地区的水患大力整治，但有关直隶营田事业则几乎没有采取什么措施去拓展甚至是保持雍正乾隆年间的已有成果。其根本原因在于，经过多年的实践，人们对于直隶地区是否适合种植水稻已经产生了疑问，“顾犹有言直隶难举水田者”[④]。道光以后，人们对于此问题的争论更加激烈。道光四年（1824年），御史陈云上疏请求治理畿辅水利，道光帝委派江西巡抚程含章署工部侍郎，办理相关事宜。程含章接到旨意后，迁往直隶地区勘察水利，“请先理大纲，兴办大工九。如疏天津海口，浚东西淀、大清河，及相度永定河下口，疏子牙河积水，复南运河旧制，估修北运河，培筑千里长堤，先行择办。此外如三支、黑龙港、宣惠、滹沱各旧河，沙、洋、洺、滋、洨、唐、龙凤、龙泉、潴龙、橜牛等河，及文安、大城、安州、新安等堤工，分年次第办理。又言勘定应浚各河道，塌河淀承六减河，下达七里海，应挑宽罾口河以泄北运、大清、永定、子牙四河之水入淀。再挑西堤引河，

① 清史稿.志111：河渠四.
② 清史稿.志111：河渠四.
③ 清史稿.志111：河渠四.
④ 清史稿.志111：河渠四.

添建草坝，泄淀水入七里海，挑邢家坨，泄七里海水入蓟运河，达北塘入海。至东淀、西淀为全省潴水要区，十二连桥为南北通途，亦应择要修治”[①]。可见其目的在于疏浚河道、开挑支流、筑堤修坝，重在治理水患，保证直隶地区的安全，而不是发挥水利，兴建营田。即程含章本人所指出的“水利且可缓图，水患则不可一日不去”[②]。对于营田事务，程含章的观点十分明确，认为直隶地区根本不适宜种植水稻，并对雍正年间营田事务的成绩不以为然，指出“经理三年，用银至数百万两，开田七千余顷……曾不数年而荒废殆尽”，并进而指出在直隶地区营建水田“有天时、地利、土俗、人情与夫牛种、器具之实有未便者”[③]。与此同时，也有极力主张恢复拓展雍正以来直隶地区水利营田成果的官员，他们多认为直隶地区河道众多，山泉遍地，淀泊满布，水系发达，若能尽心筹划，则有水之地皆可开辟为水田。王培华先生在《清代江南官员开发西北水利的思想主张与实践》一文中曾列举嘉庆、道光、咸丰年间产生的多部有关畿辅水利的著作：嘉庆十六年（1811 年）至二十二年（1817 年）之间，唐鉴编写《畿辅水利备览》。咸丰三年（1853 年），他向咸丰帝进言有关畿辅水利的主张，并献书给军机处。同年又进《畿辅水利备览》；道光三年（1823 年）潘锡恩编成《畿辅水利四案》，四年（1824 年）吴邦庆《畿辅河道水利丛书》成书，五年（1825 年）蒋时进《畿辅水利志》百卷，林则徐在嘉庆年间写就的《北直水利书》于道光间定稿为《畿辅水利议》，等等。[④]这中间的多数作者均主张应当效仿雍正年间在畿辅地区大兴水利营田的做法，寓治水于营田中，以营田来保障治水的成功。如唐鉴在《畿辅水利备览》批评工部举行直隶水利不力，他主张办理直隶水利，只应“见地开田，切不可在河工上讲治法”[⑤]，认为直隶

---

① 清史稿．志 111：河渠四．

② ［清］程含章．覆黎河帅论北方水利书．清经世文编．卷 108：工政十四．

③ ［清］程含章．覆黎河帅论北方水利书．清经世文编．卷 108：工政十四．

④ 王培华．清代江南官员开发西北水利的思想主张与实践［J］．中国农史，2005（3）．

⑤ 唐确慎公集．卷 3：复何丹溪编修书．转引自王培华：清代江南官员开发西北水利的思想主张与实践［J］．中国农史，2005（3）．

地区应该大力营建水田，种植水稻。此外，如林则徐在《畿辅水利议》中更是明言“直隶水性宜稻，有水皆可成田”[①]，针对当时的漕运积弊，大声呼吁发展直隶地区的水稻种植等。但这些营建水田的主张并未见诸实施。

同治年间，“直隶河患频仍”。同治十二年（1873年），“命总督李鸿章仿雍正间成法，筹修畿辅水利”[②]。李鸿章接旨后，对直隶地区的水患进行了系统整治，但并未见有发展营田的举措。一直到光绪十六年（1890年），给事中洪良品因感“直隶频年水灾”，上疏请求治理水患，兴修水利，并指出“以开沟渠、营稻田为急”。对此，李鸿章不以为然，指出这些建议“大都沿袭旧闻，信为确论”，随后又从当时直隶地区的水利情况，并引证历来直隶地区实施营田的结果说明“直隶水田之不能尽营”。指出若按照洪良品的建议，“于五大河经流多分支派，穿穴堤防浚沟，遂于平原易黍粟以秔稻”，那么结果会是“水不应时，土非泽埴”，营建水田之举必将失败，“窃恐欲富民而适以扰民，欲减水患而适以增水患也”[③]。此后，有关在直隶地区营建水田的建议也逐渐不见于记载。

总之，有清一朝，有关在直隶地区实施水利营田的讨论和实践历时弥久，可以说贯穿整个清朝历史。其中，直隶地区应当兴修水利工程，防治水患自然是整个清朝朝野上下的共识，但对于应不应当在兴修水利的基础上营建水田、种植水稻或者应不应当将营建水田作为兴修水利的一个举措则颇受争议。早在康熙年间，李光地等人便有在京东地区开垦水田的建议，但康熙皇帝出于“北方水土之性迥异南方”的考虑，认为开水田一事“不可轻举”，只是在天津城南垦水田二百余顷。雍正即位后，则在直隶地区大力推行水利营田，采取多项措施保障这一工作的顺利进行，经过几年的开垦，“所营府属州县稻田凡十三万三千亩有奇，

---

① ［清］林则徐．直隶水性宜稻，有水皆可成田．畿辅水利议［M］．清光绪刻本．
② 清史稿．志111：河渠四．
③ 李文忠公奏稿．卷70：覆奏直隶水田难成折．

中熟之岁，亩出谷五石，为米二石五斗，凡三十万二千五百石”[①]。可以说取得了一定的成绩，但是由于多种原因，“不旋踵而其利顿减”[②]，这一局面未能维持下去。乾隆继立后，鉴于雍正年间在此方面的诸多实践，了解到“前近京议修水利营田，始终未收实济”，对于直隶地区水利营田事务可以说有了较为清醒深刻的认识，认为“物土宜者，南北燥湿，不能不从其性”[③]，故在其统治时期，除了对于那些“实在可垂永久之水田”[④]尚予以经营维持外，只在少数条件确实适宜的地方新开水田，而没有再大规模地推行营田。对于雍正年间营建的水田，或是因为干旱而改为旱地，或是因为水涝而改种苇藕地亩者，也都听民之便。嘉庆以后，对于在直隶开垦水田的利弊得失问题争论蜂起，虽然有众多官员学者仍力争应当在直隶地区营建水田，种植水稻，但这些建议均未能付诸实施。同治、光绪时期，直隶水田事务日渐废弛，虽然尚有人提及应效仿雍正年间成法，于直隶地区推广水田，但毕竟未能成为主流意见，更未能为统治者所采纳实施。除了鉴于历史时期直隶地区种植水稻不能有持久稳固收成的经历外，随着招商海运、改折减赋、漕粮折征银两以及东北农业的发展，粮食贸易的活跃，使得京师的粮食供应充足，人们对于发展京畿地区水稻种植的热情便降低了。

① ［清］光绪顺天府志．卷 48：河渠志十三·水利．
② 清史稿．志 111：河渠四．
③ 清史稿．志 111：河渠四．
④ 清文献通考．卷 7：田赋考七．

三、20 世纪后二十年北京城市水资源研究

（一）开拓北京水源的思考

水源，历来是北京城市发展的命脉所系，一直受到极大重视。新时期，面对水资源紧缺和供给困难的严峻局面，不失时机地开拓新水源成为北京城市建设和发展的当务之急。

近年来，作者数度赴滦、潮河上游地区进行地理考察，以探讨该区环境的演变过程及其对下游地区造成的影响。因此，也获得了不少有关这一地区水资源状况的第一手资料，从而引发了新时期开拓北京水源应优先考虑开发滦、潮河的思考。

1. 开拓北京水源的历史回顾

自金朝建都以来，历元明清各封建王朝为每年巨额漕粮运输和宫苑点缀与美化，不断开拓西山泉池、浚治近畿河湖，乃至导引昌平白浮泉水，有效地保障了那时北京城市对水源的需求，创造了人间奇迹。

新中国定都北京之后，随着各项事业日新月异的发展，供水规模显然已远远不能满足现实的需要。因而早在 20 世纪 50 年代初，正当北京面临大规模经济建设，水资源需求迅速增长的时候，有关专家即富有远见地提出了在更大范围内引水的计划和设想："凡是'北京湾'周边山麓的水流，无论巨细，都应当考虑在引水计划之中，其上源可以远达潮白河。"当时，侯仁之还指出，"引水的来源，西自永定河，东北至潮白河，中途包括'北京湾'西北部的一切泉流，总汇为一，这就足以保证未来首都地上水的来源，不断增加"[①]。

---

① 侯仁之．历史地理学的理论与实践［M］．上海：上海人民出版社，1979.

在党和政府的领导之下，在建成官厅水库之后，又陆续修筑了十三陵、怀柔、密云等大、中型水库，开凿了京密引水渠，使在“北京湾”北部开辟水源的设想一一化为现实，从而保证了20世纪50年代至80年代初北京不断增长的工农业和社会生活用水的需要。无疑，这在北京水源开发和供给的历史上是巨大成就和伟大创举。

由于气候干旱，水源不足，尤其工农业生产及城市生活迅猛增长的水源需求，至80年代中期，北京市供水保证率在50%的情况下，缺水量即已达0.67亿立方米；供水保证率在75%时，缺水量则达4.6亿立方米。面对水源紧缺的局面，北京有关单位不失时机地采取了合理安排用水计划、加强科学管理、开源节流、保护水源、完善水利工程、提高水的利用率等措施。其中在完善水利工程方面，包括开拓海子水库、扩大库容，使蓄水总容量达到1亿立方米；建成白河堡水库、十三陵补水工程、东水西调工程和向阳闸工程，使白河水可西调官厅水库，南补十三陵水库，东供密云水库，形成白河堡、密云、官厅、十三陵、怀柔五库联珠，大大优化了市域水源枯丰调度，基本保障了北京水源的稳定供给。

举凡这些措施，在保障北京市域目前的供水方面可谓已达到尽善尽美的地步。但面对北京水资源需求不断增长的现实，这些措施明显地暴露出局限性。适应新形势的要求，保证北京未来供水的关键应该是开辟新途径，获取新水源。

2. 北京水资源现状及其开拓思考

随着改革开放形势和北京城市社会经济的发展及人口的日益增长以及人民生活水平的不断提高，北京水资源紧缺和供给困难的局面不仅未能缓解，而且还有发展的趋势。仅就目前情况来看，北京水源主要面临三大问题：一是水源供需平衡尚无保证，一般平水年供需平衡还可保持，但每遇枯水年份市域缺水量即达10亿立方米；在素有“十年九旱”之称的北京地区，枯水年份的高频率更增强了北京缺水的紧迫感和危机感。据预测，至 2010 年平水年北京缺水 9.9 亿立方米，枯水年缺水达 19.8 亿立方米，供需矛盾十分尖锐。二是地下水长期过量开采，造成北京地区地下水位大幅度下降，由此形成的漏斗区不断扩大，面积已达 1000 余平方千米，最深已达 40 余米。三是污水处理工程尚不配套，建设进度慢，致使市域河道总长的 50%、郊区河道总长的 90% 受到不同程度的污染，尤其郊区下游河道污染严重，水环境与地下水质明显下降。因此，进一步保护和开拓水资源，制止或缓解上述问题的继续发展已迫在眉睫。

显而易见，在新形势下解决北京水源问题仍在开源和节流两个方面。节流即合理地安排用水计划、加强科学管理、采取有效措施，大力节约市域用水，无疑已成为北京社会生活的共识。因此，解决北京水源的主要注意力应集中到开拓新的水资源上来。对此，人们已提出了多方面的见解。概括起来，主要包括：第一，进一步完善工程配套，扩大水源调蓄、疏浚滞流河道，优化水环境；第二，从外流域引水入京。

对于前者，如前所述，已进行了大量卓有成效的工作，具体措施是积极稳妥的。但这些措施仅仅着眼于市域之内现有水源的调蓄，显然已很难从根本上解决北京未来对水资源不断增长的需要。

从域外引水入京则包括引拒马河入京、引滦济京、引黄济京及南水（长江水系）北调等多种方案。其中因对长江、黄河水源丰沛的传统认识，又尤以引黄济京及南水北调的呼声最高。引黄济京，因黄河水资源总供给与总需求严重失衡的矛盾日益加剧、泥沙含量高、供给不稳定、供求双方枯水期同步等复杂因素的制约，对北京来讲，显然是一个前景不容乐观的方案。南水北调（中线）拥有水源丰富、供水量大的优势，但因自湖北丹江口水库经河南、河北至北京，引水工程空间跨度达 1240 千米。跨流域大规模引水因沿线存在复杂的地质地形，浩繁和技术难度高的工程、巨大的投资及沿线利益分配的诸多矛盾、供水的水质和水量能否有保障，沿途生态环境后果如何补偿等一系列棘手问题。所以，对上述问题，还需作深入科学的论证和缜密、细致的调查研究。不然，这些客观存在的问题将是南水北调接济京津地区的严重障碍。

与引黄济京、南水北调工程相比，引拒马河入京，尤其引滦（包括潮河）济京则居于明显的优势地位，姑以引滦（包括潮河）济京方案为例进行阐述。

（1）滦、潮河流域水资源较为丰富

据统计，承德地区多年平均降水量在200亿立方米以上。其形成的地表水资源，滦河水系多年平均自产水量达27.325亿立方米，潮白河多年平均自产水量亦达6亿立方米，合计达33亿余立方米。地下水资源，滦河水系9.21亿立方米，潮白河水系1.45亿立方米，合计10.66亿立方米。在华北地区，拥有如此多的水资源是极其珍贵的。但承德地区（包括市区）工农业及城镇生活用水总计不足10亿立方米，其中开采地下水1.94亿立方米；加以本区蓄水能力有限，所建庙宫等大中小型水库总蓄水量实际上只有0.7亿立方米。因此，承德地区仅滦、潮河水系每年下泄地表水量可达25亿立方米上下。下游潘家口水库和密云水库拦蓄水只是其中的一小部分，大部分均于汛期泄入下游河道，这显然是对水资源的极大浪费。

（2）滦、潮河两流域空间跨度小，易连通

潮白河位于北京北部，已通过密云水库供水北京；而滦河紧相毗邻，为通过一定的工程技术措施引滦河水输入密云水库、供水北京提供了便捷条件。为不妨碍潘家口水库蓄水和天津供水，可考虑在伊逊河入滦河河口以上修筑一座特大型水库。水库和引水工程选址的根据如下：第一，据滦平三道河子测站提供的数据，滦河在此处的年径流量为6.5亿立方米上下，主要接纳了大、小滦河及兴洲河水源。这一水源因流域植被覆盖良好、水源涵养林面积广大，具有夏秋丰沛、冬春不枯、水土流失并不严重等特点，基本可以保证常年供水。通过工程地质考察和论证，若能在伊逊河与兴洲河口之间，或在兴洲河口以上修筑一座特大型水库，用以调节多年供水，然后借助于输水涵洞和引水渠道与密云水库连通，形成六库联珠，即可进一步优化北京市域水源枯丰状况的调度，近期可缓解前述供水缺口，远期可解决供水紧缺问题。第二，滦河在伊逊河与兴洲河口之间河段距密云水库及潮河的跨度只有50—60千米，中间为燕山中低山地，此处的滦河河谷海拔高度明显大于潮河河谷，通过一定的工程技术措施，沟通滦河与潮河及密云水库，可以形成全线自流引水。同时，因两河间跨度小，又有部分天然河道可资利用，引水工程造价低，节省投资。因此，在目前财力短缺、资金紧张的情况下，引滦济京当为开拓北京水源的首选方案。

（3）滦、潮河流域干群拥有良好的供水意识和供水传统

数十年来，为保障京津两市供水，滦、潮河流域的广大干部群众识大体、顾大局，做了大量工作，付出了辛勤的劳动。为涵养上游水源，治理水土流失，保障供水水质，承德地区毅然将投入产出周期长、受益慢的林业放在了全区工作的首位，确立了以林为主的经济发展方针。在资金短缺的情况下，全区动员各方面力量每年造林达数万至70万公顷以上，使潮河径流在正常年份的含沙量降低到3.8kg/m^3。保护山林，必须首先解决群众的烧柴问题，解决好绿化与烧柴的矛盾，引导群众推广节柴灶、沼气池、发展新能源。截止到1990年，多数县已普及了节柴灶，并通过了国家验收。同时，适当调整了农作物种植结构，大力发展旱作植物，以节约农业灌溉用水。为保护水源，减少污染，提高水质，承德地区干群还治理整顿了现有企业，投资692万余元，治理了26项较大工程，关停并转污染企业15家，年减少产值1100多万元，减少利税400余万元；整顿和下马乡镇企业100余家，县属企业20多家，每年减少利税达3000多万元。这对承德这个典型的“老少边山穷”贫困地区来讲，无疑是巨大的直接经济损失。承德地区干群所表现的无私奉献的协作精神是保证京津未来供水的难得条件和良好基础。

（4）滦、潮河水源的水质较为优良

在官厅水库上游水源截流严重、来水大幅度减少，同时在上游水源

受到不同程度的污染、水质下降，影响北京供水的情况下，滦、潮河水源优良的水质也成为未来北京水源的最佳选择。滦、潮河流域的人民群众长期坚持植树种草、涵养水源、使滦、潮河水源得到良好保护。现流入密云水库的潮河水水质为Ⅲ类，符合国家饮用水标准；流入潘家口水库的滦河水水质为Ⅳ—Ⅴ类，稍微超标，不宜直接饮用，但仍比流入官厅水库的水质好。

总之，滦、潮河具有水源较为丰富、水质优良，供水较为稳定，距离便捷、工程小易投资，流域群众供水意识强、关系易协调、输水有保障等优势。因此，开发滦、潮河应该是新时期开拓北京水源的首选方案，值得重视。

3. 开拓北京水源的战略构想

引滦（包括潮河）济京开拓北京水源虽然拥有很大优势，但也还有若干具体工作需从战略高度加以考虑：

（1）及时解决好广大干群的认识问题，新时期开拓北京水源的思路也可转向滦、潮河流域，统一思想、认清优势，也不回避面临的问题，积极为开发滦、潮河新水源做好充分思想准备。

（2）正确处理流域之间及上下游之间的利益分配关系，努力增加开发和保护上游水源的投资。根据《中华人民共和国水法》关于“国家保护水资源，采取有效措施，保护自然植被，种树种草，涵养水源，防治水土流失，改善生态环境”的规定，滦、潮河流域上游已广泛开展了保护水源的工作，并取得了前述成效，密云水库上游潮白河流域自 1989 年已被水利部和国家计委列为全国第十三片重点植被区，范围涉及承德地区丰宁、滦平两个县，张家口地区沽源、赤城等五县市及北京市密云、怀柔、延庆三区，植树种草，资金以水利部和计委投资为主，地方投资为辅。四年来潮河 18 条小流域虽已全面开工，但因资金未到位，基本完成治理任务的仅 4 条，未完成治理配套的 14 条；加以小流域治理周期一般需要3—5年，流域面积大周期则更长；若半途而废，不仅前功尽弃，而且会出现新的水土流失。事实上，潮河流域水土流失问题仍然严重存在，在汛期暴雨集中的偏丰水的1991年，中游戴营站全年来水3.965亿立方米，来沙达426万吨，上、中游侵蚀模数分别为370吨/平方千米与1480吨/平方千米，治理任务还很艰巨。

潘家口水库上游的滦河流域于1991年被列为全国第十四片重点植被区，范围涉及内蒙古多伦、正蓝旗、太仆寺旗及克什克腾等旗县，承德地区各市县，唐山市迁西县，共67条小流域，计划第一步三年治理340平方千米，投资340万元，其中国家、河北省、承德地区分别投入229万元、80万元和11万元，受益单位天津投入20万元。但因实际投入少，治理时间短，两年来治理的小流域仅5条，尚未达到预期目标。从目前滦河支流蚁蚂吐河年输沙550万吨、伊逊河年输沙935万吨的水土流失现状来看，滦河流域东半部植树种草、保持水土、涵养水源的任务更为艰巨。

总之，滦、潮河流域虽已被列为国家重点植被区，所属各流域水土流失治理也已开始，但因投资不到位，兼流域各县财政困难，使各流域植树种草、治理水土流失任务重、困难多、进度缓慢，迫切需要增加投入。根据《中华人民共和国水法》“开发利用水资源……兼顾上下游、左右岸和地区之间的利益，充分发挥水资源的综合效益”原则①，并考虑到未来南水北调工程完成、天津水源得到有效供给（因海拔高度较北京低40余米，故南水北调成功后天津较北京更易于受益）之后，潘家口水库每年供给天津的10亿立方米水源即可转供北京的前景（1970年前密云、官厅水库约计5.2亿立方米水供给天津及河北，后改由密云水库供水；1981年8月，为保证北京供水，密云水库也停止了对天津供水，天津水源依赖引滦及引黄供给），以及北京城乡供水的长远利益，建议已长期受益的北京市在保护和开发利用滦、潮河上游水源方面，从现在

① 中华人民共和国水法［N］. 人民日报，1988-01-23.

起即加强与河北省及承德市水利部门的联系和交往，适当增加补偿性开发发展投入，并希望在若干其他领域加强联系与合作，提供优惠，带动滦、潮河上游地区经济的发展，以保护并进一步调动该区干群治理水土流失和保护水源的积极性与劳动热忱，推动并加速滦、潮河流域水源涵养与开发的进程。

（3）抓紧组织综合考察与调研评价，进行科学论证和全面规划。按照《中华人民共和国水法》，开发利用水资源“必须进行综合科学考察和调查评价”的规定，北京开发利用滦、潮河水资源的综合科学考察和调查评价工作应由北京市政府责成主管部门会同水利部及相关省区的主管部门协调进行。在此基础上进行全面规划、确定蓄水与引水工程的位置、走向及规模，明确上下游各方的职责、权益、义务及利益分配，为长远有效供水铺平道路。

综上所述，不失时机地将解决新时期北京城乡水源紧缺问题的视野首先推向滦、潮河流域，是一项投入少、收益大、见效快、供水稳定的重要战略选择。这一选择将有效地保障新时期北京水源的供给。

参考文献：

［1］侯仁之．历史地理学的理论与实践［M］．上海：上海人民出版社，1979.

［2］罗廷栋．北京市的水源问题［J］．城市规划，1993（5）.

［3］中国科学院地理研究所经济地理部．京津唐区域经济地理［M］．天津：天津人民出版社，1988.

（二）新时期北京水资源问题研究

近一二十年来，严重缺水一直困扰着北京城市的发展和城市生活质量的提高，已引起政府和社会各界的广泛关注。为缓解首都水资源供求矛盾，政府与主管部门已采取了种种措施，诸如加强科学管理、合理安排用水计划、开源节流、保护水源、增筑与完善水利工程、提高水资源的利用率等，在保障北京水源稳定供给方面，可以说目前已达到完善的地步。

对滦河进行实地考察，并从21世纪初期北京供水形势与方案分析，引滦济京增加北京应急水源的可能性和引滦济京增加北京应急水源的战略措施三个方面进行系统分析的基础上，认为不失时机地将21世纪初期解决北京水资源紧缺、缓解供求矛盾的视野首先转向滦河流域，并采取有效措施，兼顾天津、唐山两市水源需求，是目前优于其他方案的战略选择。寻求域外应急水资源的多种方案炙手可热，但均因各种因素的制约迟迟不得实施，其中最具可行性的引滦济京方案，因涉及与兄弟省市的供水利益矛盾亦长期搁浅，已经发展到谈虎色变的严重地步。

本项研究对滦河某些河段进行了野外实地考察和各种引水方案的比较研究及某些统计数据的分析，对新时期引滦济京的可行性进行了初步考察，提出了初步方案。

1. 21世纪初期北京供水形势与方案分析

20世纪80年代以来，随着改革开放与社会经济的发展及城市人口的增长和人民生活水平的提高，北京水资源供需矛盾一直呈上升趋势。从目前看，90年代北京水源存在的四大主要问题中的三个并未得到缓解：一是水源供需平衡尚无保障，平水年供需平衡一般还可保持，但枯水年份市域缺水量即达10亿立方米以上。在素有“十年九旱”之称的北京地区，枯水年份的高频率无疑更增强了北京缺水的紧迫感和危机感。二是城乡实际用水的年增长率大大超过规划指标，近年来北京城乡实际用水量已提前数年达到或超过2000年的规划需水量。北京城乡水资源供需矛盾愈来愈尖锐，已是明显事实。三是地下水长期过量开采，导致北京地区地下水位大幅度下降，由此形成的漏斗区东至顺义城区，南至南苑，面积达 1600 余平方千米，中心部位地下水位深达 40 余米，地下水亏损异常严重。四是污水处理工程建设虽进度慢，废污水排放量大，但河湖水系在近两年开始得到不同程度的综合治理。据 20 世纪 90 年代初统计，年废污水总量达 11.5 亿立方米，市域监测河流的 56% 以上、郊区监测河道的 90% 以上受到污染，尤以郊区下游河道污染严重，导致水环境和地下水质明显下降。因此，严格保护原有水源，以制止或缓解这些老问题发展的同时，密切关注北京水资源面临的新情况和新问题，开拓新水源，更是迫在眉睫。

首先是根据市水利部门关于《北京市水中长期供求计划报告》预测，市域尤其是市区缺水自 2000 年至 2010 年乃至 2030 年带有明显的增长势头。其中，2000 年，在现有供水设施和节约用水与污水回用 1.5 亿立方米的前提下，在保证率 50%、75% 和 95% 时，市区缺水分别为 3.1 亿立方米、9.5 亿立方米和 12.4 亿立方米。

2010 年，在南水北调供水 12 亿立方米和张坊水库建成运转供水并实现污水回用 6.4 亿立方米的前提下，在 50%、75% 和 95% 保证率时，市区分别缺水 2.5 亿立方米、5.1 亿立方米和 7.8 亿立方米。

2030 年，根据目前及 2010 年供需水源预测进行宏观展望，在 50%、75% 和 95% 保证率下，市域分别缺水达 9 亿立方米、16 亿立方米和 20 亿立方米以上[①]。

其次是在诸种客观条件的制约下，某些有效水源的供给不断发生萎缩。其中最典型的是官厅水库。官厅水库兴筑于 1954 年，库容达 22.7 亿立方米，四十余年来淤积库容大约已达到 8 亿立方米，近十年来每年淤积泥沙仍在 226 万立方米。同时，由于上游水库拦蓄和流域内年平均降水减少（减少至约 390mm），平均每年入库水量由 50 年代的 18.7 亿立方米减少为 3.28 亿立方米，加之上游污染企业的大量存在使水质恶化，

① 北京市水利局 . 北京市水中长期供求计划报告（1996—2000—2010 年）［R］. 1996.

直接影响了对北京城市的供水。尽管官厅水库仍存在技术改造的前景，但上游争水和污染问题有增无减，目前供水萎缩的趋势很难逆转，从而使北京新时期的供水形势益发严峻。

尤其值得注意的是，2010 年的供水缺口是在南水北调和张坊水库建成运转、对北京有效供水十几亿立方米的前提之下做出的预测，如果这两项相连带的工程不能实现的话，供水缺口实际上应在 16 亿立方米、18 亿立方米和 21 亿立方米左右。事实上，从目前进展情况来看，南水北调和张坊水库届时是不可能实现的工程。2010 年北京城乡供水形势之严峻由此可见。

为进一步明确 21 世纪初期的北京供水形势，仍不妨对近些年来提出的各项供水方案进行必要的比较分析。首先来看炙手可热的南水北调方案，其本身又分作西线、中线、东线，其中以中线呼声最高。据水利部门的专家学者论证，中线引水工程自湖北丹江口水库引水，途经河南、河北，到达北京和天津，干渠长达 1240 千米，解决五省市缺水[①]。北京受益 12 亿立方米，可谓幸甚。但分析认为，该论证仅仅局限于北调水源数据计算上是远远不够的，论者有意无意地掩盖了工程的地理环境、生态问题、社会行为和经济实力等重要制约甚或决定因素的作用，至少是不全面的。

首先是长距离引水，干渠长达 1240 千米，沿线地形复杂，“需兴建大量河渠交叉工程，其中最大的为黄河干流。同时，还需建众多的桥涵以及渠道上的控制工程”[②]，安全系数有多高，渠道沿线的生态环境后果又如何补偿？

其次是长距离引水，途经我国人口稠密且又缺水严重的华北地区，沿线社会行为和利益分配造成的各种矛盾冲突，包括最终供水的水质和水量，是否有保障？水价高昂如何承受？

---

① 文伏波，俞澄生 . 南水北调与我国可持续发展［J］. 大自然探索，1998（3）.
② 文伏波，俞澄生 . 南水北调与我国可持续发展［J］. 大自然探索，1998（3）.

再次，长距离引水，工程浩繁，技术难度大，投资额甚高，中央和地方能否承受？那种仅仅根据上述三种引水方案的简单比较就以为中线可行，经济合理，“有关方面都能接受是最佳比选方案”的结论，那种“至于调蓄运用方案等工作深度尚不够的问题，可在初步设计及以后的建设过程中补充完善，不影响主体工程开工兴建”的思路，那种未经深入扎实的多方论证即匆忙地“请国家尽早决策，批准立项”“早日兴建”，或美其名曰“分期开发”的建议[①]，均是值得社会各界尤其决策者深思的大问题。

总之，南水北调“是一个十分大胆而又现实的设想”，诱惑力甚大，但引水线路过长、工程难度大、耗资甚巨、水价昂贵的客观事实本身，就决定了这应该是一个慎之又慎的国家工程，必须进行综合考察，科学决策，慎重实施。那种短期之内即可将江汉水源引入北京的设想显然是不现实的。希望有关部门和学者及工程技术人员不要再引导政府搞那种数次核定、数次追加经费、浪费严重的工程了。因此，21 世纪初北京水源缺口包括 2010 年乃至更长时期的水源供求矛盾的解决，不宜寄托于南水北调工程是显而易见的。

其实，引黄济京同样是一个前景不容乐观的方案。其理由是，黄河水资源总供给与总需求严重失衡的矛盾日益加剧。90 年代以来黄河下游连年出现断流，1997 年断流达 226 天，断流河段长达 704 千米足资说明。同时，黄河泥沙含量高，供给不稳定，供求双方枯水期同步等也都是对北京实行有效供水的重要制约因素。

至于引拒马河济京，因其设计与南水北调方案相表里，且亦涉及与下游河北市县水资源利益分配及水源相对有限等因素，同样是一个不能在近期见效的方案。

既然 21 世纪初期北京水源供需矛盾如此尖锐，供水缺口如此巨大，而各项增加供水、缓解供需矛盾的方案在短期内难以实现或根本无法实

① 文伏波，俞澄生．南水北调与我国可持续发展［J］．大自然探索，1998（3）．

现，使21世纪初期解决北京水源问题事实上还是一个不确定的设想。对此应该提出新的具有可行性的应急方案，这就是引滦济京的方案。

2. 引滦济京增加北京水源的可行性

引滦济京是早年为解决北京水源提出的方案之一，在密云水库建成并专供北京而引滦济津工程实现之后，滦河水资源遂通过潘家口水库及大黑汀水库供水天津及唐山两市，成功地解决了天津严重缺水的燃眉之急。因此近数十年以来滦河水系的水资源几乎成为天津、唐山两市的专用水源。为满足兄弟省市经济社会发展对水源的需求，协调发展是完全必要的，也是应该的。

明确上游各大蓄水库的供水职责，的确获得了未发生利益纠纷、长期相安无事的良好供水效果，因而也就自然地形成了一个几乎是一成不变的观念：再提引滦济京就会影响乃至破坏兄弟省市之间的供水关系，造成不堪设想的后果。课题组在对滦河水系进行初步考察并进行了与上述诸方案的比较分析之后，得出的初步结论均与此恰恰相反。其中最关键、最具决定意义的因素是近几十年来人们对滦河径流量缺乏了解，认为滦河径流已全部被潘家口、大黑汀两水库有效拦蓄，已无余水可资利用。事实上，滦河下游每年都有大量弃水流入海洋，这虽未必不是好事，但是，这给在潘家口和大黑汀水库之外再筑大型水库拦蓄其中半数或大部弃水，为京、津、唐提供新的蓄水水源提供了可能性。据调查，潘家口和大黑汀两库下游年平均弃水在10亿立方米以上。根据有关滦河水系地表水资源的资料推算，滦河下游弃水应多于10亿立方米。

按有关水资源统计，滦河中上游所在的承德市多年平均出境水量为36.8亿立方米（其中潘家口与大黑汀水库上游滦河及其支流流出承德市域的水量多年平均占79.1%，达29.1亿立方米），以潮河为主的北三河流出承德市域的水量多年平均（占14.2%）仅5.2亿立方米，则主要流注密云水库。

仅就滦河水系流出承德市域的水量而言，历年又有不同。1993 年滦河出境水量占市域总出境水量的 79.1%，约为 24.3 亿立方米；1994 年滦河出境水量占市域总出境水量的 79.9%，约为 49.3 亿立方米；1995 年滦河出境水量占市域总出境水量的 78.5%，约为 35.6 亿立方米。由此可知，近三年滦河水系出境水量或即流注潘家口与大黑汀水库的总水量在 24 亿立方米至 49 亿立方米之间。从滦河流域多年平均降水情况来看，1993 年属平水年，1994 年属丰水年，1995 年属偏丰水年，故滦河出境水量均较为丰沛。而偏枯水年则可以 1988 年为例，滦河水系出境水量仅为 19.8 亿立方米。

由滦河在承德市域出境水量偏枯水年为 19.8 亿立方米，平水年 24.3 亿立方米，偏丰水年为 35.6 亿立方米，丰水年为 49 亿余立方米，多年平均为 36.8 亿立方米，可见历年滦河出境水量差异之大及滦河在承德市域拥有如此丰沛的出境水源，却是长期以来被忽视了的珍贵信息[①]。

修筑于滦河出山口的潘家口水库控制滦河流域面积 33700 平方千米，总库容 29.3 亿立方米，年平均调节水量 19.5 亿立方米，是特大型水库。加以大黑汀水库 3 亿立方米调节水量，总共年平均调节水量 22.5 亿立方米。除并不多见的枯水年和偏枯水年之外，平水年尤其是丰水年和偏丰水年均有大量出境水源存在，亦即有大量弃水汇入渤海，按多年平均计，也远不止上面所说 10 亿余立方米。如此多的弃水，如此巨大的水资源浪费，为什么不可以在滦河中上游兴筑新的调蓄工程，既可作为引滦济京的水源，又可以作为潘家口和大黑汀水库的补给水源呢？又何必要一提引滦济京就谈虎色变，或担心影响乃至破坏兄弟省市的供水关系，或担心本单位后备水源不足而宁肯让宝贵的滦河水资源长期白白弃入海洋呢？显而易见，这是长期对滦河水资源下泄弃水的真相缺乏了解造成的失误。

① 承德市人民政府．河北省承德市生态农业建设总体规则（1997—2010）[R]．1998.

仍需客观指出的是，滦河流域的降水一如中国北方其他地区，受夏季风气候的控制表现出高度集中的特点。就滦河中上游地区而言，多年平均降水为 527.1mm，其中 80% 以上集中在汛期 6 至 9 月份。如偏枯水年的 1988 年降水量为 441.9mm，85.8% 集中在 6 至 9 月；平水年的 1993 年降水量为 541.3mm，83% 集中在 6 至 9 月；丰水年的 1994 年降水量为 650.3mm，83.7% 集中在 6 至 9 月。滦河流域的降水如此高度集中在短时期之内，使形成的地表径流亦在短时期内大量下泄，除蓄积于已建大中型水库者外，相当大一部分成为弃水，造成原本可以蓄积利用的宝贵水资源的极大浪费；另外，又容易造成中下游沿河地带的洪水灾害，导致社会经济的损失与破坏。如 1994 年滦河在承德市域形成的出境水量达 49.32 亿立方米，均系汛期由滦河接纳诸支流来水并沿滦河河床在短期之内下泄，除被潘家口和大黑汀两大水库拦蓄者外，大部分白白被弃入下游河道，最终流入渤海。故承德市域有 80% 的地表水白白流淌之说。如此大量的水资源浪费对缺水的京津均是十分可惜的。

在全面了解了滦河出境水量及下游弃水之后，就为引滦济京实际上是为有效利用滦河弃水供应北京同时扩大天津、唐山后备水源提供了坚实的基础，影响兄弟省市供水关系的顾虑也应该打消了。

滦河流域不仅拥有华北最为丰沛的水资源，而且拥有相对前述诸方案更富优势的引水条件[①]。

首先，滦河水系中游位于燕山山地，与密云水库重要水源地潮河水系之间空间跨度小，两河河谷海拔高度是滦高潮低，易于连通形成自流引水。

潮河水系发源于承德市丰宁县，经密云区古北口潮河川进入北京，已通过密云水库供水北京。而滦河与潮河紧相毗邻，其中伊逊河与兴洲河口间河段距密云水库及潮河的跨度只有 50—60 千米，中间为燕山中低山地，此处的滦河河谷海拔高度明显大于潮河河谷，借助一定的工程

① 韩光辉．开拓北京水源的思考［J］．自然资源，1994（4）．

技术措施，沟通滦河与潮河及密云水库，可以形成全线自流引水。这为供水北京提供了便捷条件。通过工程地质考察和科学论证，若能在伊逊河与兴洲河口之间，或者在兴洲河口以上合适位置修筑一座特大型水库，用以调节多年供水，然后借助于输水涵洞及引水渠道与密云水库连通，形成北京市域内外六库连珠，可进一步优化北京市域水源枯丰状况的调度，近期可缓解前述供水缺口，远期则可解决供水紧缺问题。同时，仍可以供水潘家口水库，为天津及唐山提供后备水源。

从工程角度看，滦、潮河间跨度小，又有部分天然河道可资利用，水源有保障，蓄引水工程造价低，可节省投资，完全避免了水利部门大力推荐因而呼声甚高的“南水北调”工程存在的前述各项弊端或称弱点，又是引黄济京及引拒马河济京所不可比拟的。因此，课题组综合考察认为，在目前国家财力短缺、资金紧张的情况下，引滦济京当为21世纪初期开拓北京水源的首选方案。

其次，滦河水系水源丰沛、水质优良。

据滦平三道河子水文站提供的数据，滦河在伊逊河口以上处的年径流量为6.5亿立方米上下，主要接纳了大、小滦河和兴洲河水源，丰水年可达到十余亿立方米。水量远较目前供水密云水库的潮河水源丰富。这一水源因流域植被覆盖良好，水源涵养林面积广大，具有夏秋丰沛、冬春不枯、水土流失不太严重等特点，基本可以保证常年供水。同时，由于滦河流域的人民群众长期坚持植树种草、涵养水源，使滦河水源得到了良好保护。故而伊逊河口以上的滦河及其支流水质较好。据滦平三道河子水文站测定，滦河水质为Ⅲ类；据隆化县沟台子水文站测定，小滦河水质Ⅱ类，均符合国家饮用水标准，唯据丰宁县波罗诺水文站测定，兴洲河水质属Ⅴ类，为超标准不宜直接饮用水，但仍比流入官厅水库的桑干河水质好。在作为北京重要供水水源的官厅水库上游截流严重、来水大幅度减少、上游水源受到污染、水质不断下降、直接影响北京供水的情况下，滦河中上游及其支流水源水质良好无疑也成为未来北京水源的最佳选择。

再次，滦河流域干群拥有良好的供水意识和供水传统[①]。

数十年来，为保障京津供水，结合本区经济建设，做了大量涵养滦、潮河上游水源、治理水土流失的工作。在林业生态工程建设方面，结合国家“三北防护林体系建设”的实施，流域干群将投入产出周期长、效益慢的林业摆放到了区域经济建设的首位，确立了发展林业与建设生态农业的经济战略。结合国家“滦河、潮河上游综合治理”工程项目，以滦河、潮白河为重点的闭合小流域封闭配套治理，为防止砍伐山林，解决好植树造林与农民烧柴的矛盾，引导群众推广使用了新能源。

由于生态环境的不断改善，滦河流域的侵蚀模数已经由20世纪70年代的233吨/平方千米下降至104吨/平方千米，三道河子水文站上游（伊逊河入滦河河口以上）1995年径流含沙量则降低到0.54kg/m^3；潮河流域的侵蚀模数由402吨减少到335吨，平水年份径流含沙量已降低到3.6kg/m^3。京津两大水源地密云与潘家口水库水质得到进一步净化，并减少五分之一以上的泥沙淤积。

为保护水源，减少污染，承德市与所属区县在制定与执行各种环境保护法规的同时，着重就造纸、食品、电镀、化学、水泥五种污染性行业制定了专门具体的防治措施，加强了对市域480个乡镇工业污染源的管理和整顿，至1997年，已下马化肥厂4个，关闭环境污染严重的小型工厂670个，使污染物排放受到一定控制，为此也承受了巨大的经济损失，但滦、潮河水系水质却有了明显改善。潮河干流戴营河段和小滦河沟台子段水质达到Ⅱ类，兴洲河波罗诺河段水质为Ⅲ类，滦河干流三道河子河段水质为Ⅳ类。总体上考察，河流水质受多种因素制约，变化复杂，但滦、潮河上游水质变化趋势是在逐步改善。

总之，滦河流域拥有水源较丰富，开发潜力大，水质优良，供水较

---

① 承德市人民政府.河北省承德市生态农业建设总体规则（1997—2010）[R].1998.

为稳定；滦、潮二河空间跨度小，工程相对简易，投资少；流域干群供水意识强，关系易协调，输水有保障等优势。相对前述其他方案作综合考察，开发滦河上游水源应该是21世纪初期开拓北京水源、填补北京水源缺口的首选方案。

3. 引滦济京增加北京水源的战略措施

引滦济京开拓北京水源虽然具有很大优势，但仍存在不少必须从战略高度加以认真思考和落实的问题。

（1）目前引滦济京增加北京水源的最大障碍是关于京津供水关系的传统认识，如前所述。事实上，今天提出的引滦济京的着眼点在于白白流淌而未得充分开发和利用的弃水，即滦河流注潘家口与大黑汀水库之后未能被拦蓄的那部分宝贵水资源——年均达10亿立方米以上的弃水。完成这一工程，不仅仅是为了有效补给北京水源，而且还可作为天津与唐山二市的后备水源，故而引滦济京不是与天津、唐山等市争水，而是合理有效地利用弃水。对此，必须统一认识，认清优势，积极为开发导引滦河水源做好思想准备。

（2）增加研究与考察经费的投入，抓紧组织调研评价和综合考察，进行深入科学论证和全面规划。按照《中华人民共和国水法》开发利用水资源“必须进行综合科学考察和调查评价”的规定[①]，建议根据本项研究的工作基础进行。科学考察必须是多学科综合性考察，必须坚决杜绝那种水利建设由单一部门或一种意见说了算的传统做法。多学科综合考察必须包括地理、地质、环境、经济、社会及水利部门的专家学者，而其中的水利部门则应侧重在水利工程的规划建设上，其他方面的论证则应更多地听取其他学科专家的意见和建议，尤其是反对意见。除期望通过这一考察，确定本项研究提出的修筑特大蓄水工程及与之相配套的引水工程的位置、路线、投入规模，明确上下游供水与需水各方的职责、

① 中华人民共和国水法［N］. 人民日报，1988-01-23.

权益、义务及利益分配，为长期有效供水铺平道路之外，还要努力解决水利工程建设一贯重工程轻移民给国家带来一大堆社会问题和沉重负担的弊端，并为大型水利工程的选址与施工及解决相关问题等进行多学科综合论证提供经验和思路。

（3）正确处理流域之间及上下游之间的利益分配关系，努力增加开发和保护上游水源的投入。根据《中华人民共和国水法》关于"国家保护水资源，采取有效措施，保护自然植被，种树种草，涵养水源，防治水土流失，改善生态环境"的法规[①]，滦河与潮河流域上游已普遍展开了生态建设、保护水资源的工作，并已取得了前述积极成效。

近年来，滦、潮河流域干群根据中央提出的"加强对环境污染的治理，植树种草，搞好水土保持，防治荒漠化，改善生态环境"的任务，确立了"为京、津阻沙源、保水源，为河北增资源，为人民拓财源"的战略目标和工作使命。但事实上，滦河包括潮河流域的建设仍面临着严峻形势和艰巨的任务，要实现上述目标仍需上、下游广大干群共同付出巨大的努力[②]。

首先，由于种种原因，尤其是人类经济活动的强度干预和人畜超载，滦、潮河流域生态环境仍很脆弱，土地质量逐渐恶化，突出表现在水土流失、风蚀沙化、土地污染、水土资源组合不协调等方面。据有关统计，截至 1998 年初，滦、潮河上中游尚有水土流失面积 21237 平方千米，占土地总面积的 57%，年平均流失表土达 2522 万吨。由于水土流失严重，庙宫水库自蓄洪以来已淤积泥沙近 1 亿立方米，占总库容的 54%。滦河流域水土流失面积 1145.78 平方千米，侵蚀总量达 3900 万吨，形成对潘家口水库的极大危害。风蚀沙化土地面积为 12.4 万公顷，主要分布在坝上地区。据丰宁和围场沙化监测点测定，风蚀沙化速度每年前进 8—28.8 米，两县拥有沙丘 260 个，在围场坝下已形成四条大沙带，流沙的

① 中华人民共和国水法［N］. 人民日报，1988-01-23.

② 承德市人民政府. 河北省承德市生态农业建设总体规则（1997—2010）［R］. 1998.

侵袭严重威胁着流域内外包括京津及周边地区的环境质量。废水年排放七千多万吨，处理率仅 23.4%；化肥、农药与农膜的大量施用，不仅使耕地质量下降，而且造成了土地尤其耕地和水源的污染。水土资源组合具有坝上土地资源丰富而水资源贫乏，坝下山区水资源丰富但集中在河川滩地，50% 以上的山区、丘陵、坡岗耕地难于利用的特点。这种不协调直接制约区域经济的发展和环境的改善。

其次，要改变这种局面，任务显然十分艰巨。据有关统计，1996 年，滦、潮河流域所在承德市域总计已达到 102.49 万户，347.58 万人，平均每平方千米 88 人；耕地人口密度更高达 1026 人 / 平方千米以上；若仅以农村人口计，耕地人口密度亦高达 850 人 / 平方千米。已超过华北平原人口密度。区域可利用草场达 179.9 万公顷，根据产草水平，理论载畜量为 532.54 万个羊单位，平均载畜能力为每亩 5.97 羊单位。1996 年牛羊饲养量已达到 713 万个羊单位。由此可见，该区域内人畜超载相当严重，故而加速了水土流失和土地沙化过程。仅沙化退化草场面积累计已达到 91.6 万公顷，占草场面积的 50.9%。因此，流域内不仅存在进一步严格控制人口增殖的任务，而且还存在保护、改造、建设草场，提高草场质量、扩大森林覆盖率、改善生态环境和人地关系状况的严峻任务。

再次，为实现人地关系的良性循环和前述战略目标，滦、潮河流域的干群根据该区距下游京津两市空间距离近，资源、物产与京津互补性强的特点，制定了至 2010 年的生态农业建设规划和一系列建设项目[①]。

在林业生态工程方面，结合本流域系滦、潮河源头、密云与潘家口、大黑汀水库上游及内蒙古沙漠边缘的特殊地理区位的特点，拟定了继续加强沿边沿坝防风固沙林、滦潮河上游水源涵养林、低山丘陵水土保持经济林和滩地、沟谷、川地防护林及窗口地带和环城镇周围绿化美化等工程建设项目，使得 2010 年有林地面积达到 220.72 万公顷，森林覆盖率达到 55.8%，林木总蓄积达到 5555 万立方。

---

① 承德市人民政府 . 河北省承德市生态农业建设总体规则（1997—2010）［R］. 1998.

在种植业生态工程方面，注重将25度以上坡耕地全部退耕还林还草，改造250万亩中低产田，建设京、津等特大城市温室菜、时差菜、特色菜、无公害蔬菜基地，以保护与改善农业生态环境和资源环境。

在草原与畜牧业生态工程方面，根据本区林草资源特点，在走草场与秸秆相结合发展畜牧业新途径，大力开发利用农作物秸秆资源，减轻草场压力，使退化草场得以恢复和发展，保护农业生态环境的同时，利用森林资源、实验开发“林间草场”，实现农林牧资源互补，扩大载畜能力100万个羊单位。

在水利生态工程方面，针对流域水资源丰富、地表水总量达36亿余立方米而80%未得充分利用及1.5万平方千米水土流失地带急需治理的问题，拟定了在大规模开展农田基本建设、完成诸灌区维修配套工程的同时，结合中德生态造林工程，加大滦河上游和潮河上游水土保持与“山、水、田、林、路、草”综合治理工程的力度，使至2010年两流域治理水土流失面积分别达到8680平方千米和2380平方千米，使水土流失治理面积提高到56%。

实现这些工程项目的建设，预算总投资为48.77亿元，其中除地方与农民自筹23.45亿元外，尚需国家和省投资25.32亿元。但从近两年执行情况来看，因建设资金的制约，实际进展较规划进度滞后。

根据《中华人民共和国水法》“开发利用水资源……兼顾上下游、左右岸和地区之间的利益，充分发挥水资源的综合效益”原则，及北京城乡供水已长期受益的事实，考虑到北京城乡供水的长远利益，建议北京市在保护和治理滦、潮河上游生态环境，开发和利用滦、潮河上游水资源方面，加强与河北省及承德市的联系与交往，建议：第一，加强科技交流与合作，在涉及上述诸工程项目的建设中，给予科技力量的积极支持；第二，努力协调好兄弟省市关系，树立流域一体的思想，增加上游补偿性治理与开发投资；第三，加强经济互补诸领域的联系与合作，提供尽可能多的优惠政策，带动滦、潮河上游地区经济的发展和环境的改善，以保护并进一步调动两流域干群治理上游水土流失、改善生态环境和保护上游水源的积极性与劳动热忱，推动并加速滦、潮河流域水源涵养与开发的进程，为实施新时期引滦济京工程创造良好条件。

综上所述，不失时机地将21世纪初期解决北京以及津、唐城乡水资源紧缺、缓解供求矛盾的视野首先转向滦河流域，并采取有效措施，是目前最为明智的战略选择。这一选择将优于其他各方案，有效地保障新时期北京及津、唐水源的供给。

（三）对20世纪后期北京水源的再思考

北京是缺水城市，供求矛盾突出，人所共知。而且大家出了不少主意，想了不少办法，总结起来无非是“开源”和“节流”。数十年来，在“开源”和“节流”这两个方面都做了不少工作，成绩很大，在某种程度上缓解了水资源的供求矛盾。

其实，在“节流”方面我们还有文章可做。目前国际上盛行的“3R”政策，即节水（Reduction）、重复利用（Reuse）、循环利用（Recycle），来争取水资源消耗的“零增长”。提倡节约用水、污水处理再用，提高农业灌溉和工业用水的效率，目的在于避免“跨流域调水”的艰巨工程。因此，21世纪人类对水资源开发管理的观点重在“节流”，而不是“开源”。以美国为例，其水资源按人均比中国多好几倍，但在过去的二十年间，即已开始实施节水措施，收到了好的效果。1975—1985年，全国每天总用水量一直停留在13.7亿立方米左右，计划到2000年下降到12.5亿立方米左右。主要措施是提高工业用水的循环利用率及处理城市污水重复利用，以保证取水总量不增加。自然，美国重视节水技术的提高和更新也是重要的原因。

目前的中国，尤其是北京，要在短时期内实现水资源消耗的“零增长”，显然是很困难的。但是，必须朝着这个目标努力才好。要想实现或达到这样的目标，我们有许多工作要做，诸如用水和管水的体制、技术及观念等都必须实行大胆扎实的改革。

如改变“消费型水价”为“节水型水价”，就必须改变那种水是上天恩赐的自然资源、不存在什么价值的传统观念，这当然要提高水价。

水资源的规划、调控、供给和治理，在行政上应实行一体化。从国际大城市的管理经验来看，缺水的特大城市必须采取地表水、地下水、污水乃至外调水等多水源综合、统一管理措施，才是有效的。而我们在这一点上恰恰相反。多头管理体制直接造成了水资源管理、供给、利用和治理之间的不协调，大大削弱了水资源的利用效益及防治污染的能力。新时期在这方面应该有所变革。

农业节水，北京郊区自 1980 年后期推行喷灌以来，喷灌技术已推广到市辖各县。全面实行节水灌溉已指日可待（喷灌节水 40%—50%，喷灌工程投资可在四年左右收回）。而首都工业节水潜力很大，但困难严峻，这主要是自 20 世纪 50 年代以来，变消费城市为生产城市，逐渐建立起来的庞大重工业中心，这正是北京水资源短缺、环境污染的根本原因。首钢和燕山石化作为政府的两大财政支柱很难疏散开。只能靠更新设备和工艺减少水耗。生产 1 吨钢耗水 25 吨以上，美国只不到 5.5 吨水；中国造 1 吨纸需 450 吨—500 吨水，而德国重复利用只需要 7 吨水。同时，依靠科技提高工业用水的重复利用率，也会带来工业节水的良好前景。

同时，加大污水处理力度和重复利用的强度，增加效率，实现污水资源化，经过一定时间的努力，实现水资源消耗的“零增长”，也是有可能的。但是，这需要一个过程。因为无论是改革技术还是更新设施，都要以大量资金为依托，也需要一个漫长的过程。这也是由中国特殊的国情决定的。面对这一国情，一方面努力创造条件，为实现水资源消耗“零增长”努力；另一方面，还是要考虑跨流域调水的问题，这是解决水资源供给的一个过程或组成部分。这方面我们提出了多种方案和设想，目前的问题是要进行比较和分析，到底实行远距离跨流域调水还是近距离调水，哪种更有效有利。在方案的设立中，多比较优劣得失，对我们当前资金短缺的现状会有裨益。

一个非常重要的设想是，通过近期的开源，能为市区和郊区提供较为充足的回灌用水，有效补充地下水资源，进行合理的地表水和地下水调蓄，从而解决水资源下降造成的规模漏斗，改善北京地下水环境。

四、目前北京及其上游地区水资源状况

作为全国政治、文化中心，世界著名古都和现代化国际城市①，北京地区自金元建都以来，尤其新中国成立后，曾发生过多次对社会经济发展产生深刻影响的水危机。目前，北京所面临的水资源形势仍十分严峻。适时地采取有效措施，合理开发、利用和保护水资源已成为影响北京可持续发展极其重要的因素。

（一）危机重重——北京地区水资源的现状分析

北京是世界上严重缺水的大城市之一，是世界人口规模前15位的城市中唯一处于年降水量不足600mm的半湿润地区城市。据中新网报道，2011年北京市人均水资源量已降至100m^3，大大低于国际公认的人均1000m^{3}的缺水警戒线，为资源型重度缺水地区，水资源紧缺成为制约首都可持续发展的第一“瓶颈”。近年来北京地区的水危机主要表现在以下几方面：

1. 水资源总量、上游来水量大幅度下降，城市生态难以持续

近十年来，北京地区降水和来水量严重不足，水资源总量大幅度下降。1999—2010年，北京地区年均降水量475mm，比多年平均（1956—2000年）年降水量减少了110mm；形成地表水资源量7.3亿立方米，地下水资源量13.9亿立方米，水资源总量21.2亿立方米，分别比多年（1956—2000年）平均值减少了58.76%、29.44%和43.32%。水资源总量的变化如图4.1所示：

① 北京市规划委员会 . 北京城市总体规划（2004—2020）［R］. 2004.

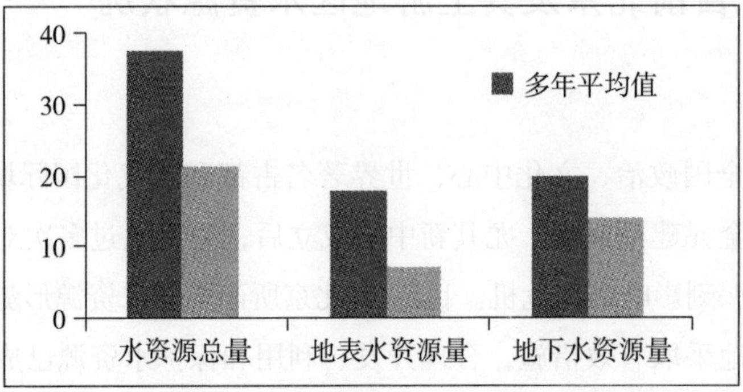

图 4.1　1999—2010 年均水资源总量与多年平均值比较（单位：亿立方米）

数据来源：北京市“十二五”时期水资源保护及利用规划

备注：多年平均值为 1956—2000 年平均

更为严重的是，北京地区上游来水量已经到了岌岌可危的地步。1999—2010 年地表水入境水量为 4.7 亿立方米，仅为多年平均地表水入境水量（21.1 亿立方米）的 1/5 稍多，近十二年，上游密云水库年均来水量 2.7 亿立方米，比多年平均减少了 72%，官厅水库年均来水量 1.3 亿立方米，比多年平均减少 86%，如图 4.2 所示：

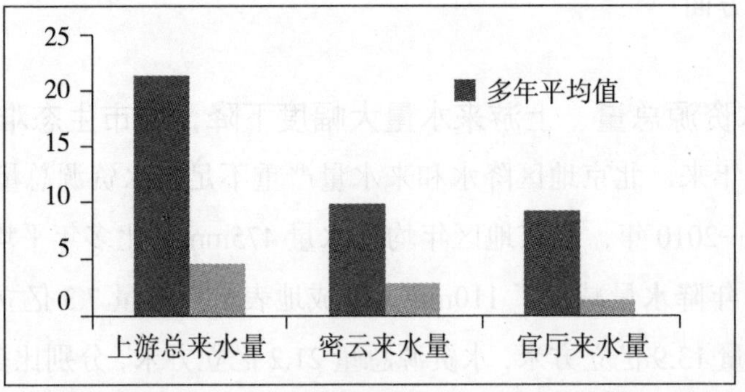

图 4.2　1999—2010 年上游来水量与多年平均值比较（单位：亿立方米）

数据来源：北京市“十二五”时期水资源保护及利用规划

备注：多年平均值为 1956—2000 年平均

由于水资源总量的短缺，人类活动大量占用了本属于自然的生态用水。有研究认为，近年来北京地区出现的持续干旱、地面下沉、水环境污染、水土流失等一系列的生态环境问题，在很大程度上是由人类过量用水占有了维持城市生命支持系统及生态服务功能的水量造成的[①]。

2. 地下水埋深屡破纪录，城市应急水源开采接近极限

近十二年来，北京平原地区地下水的平均埋深从 11.9m 下降到了 24.9m，年均下降速度达到了 1.1m。2010 年 7 月末，地下水平均埋深达到 25.33m，达到了有观测资料以来的最大值。[②]与地下水位不断下降相对应，平原区地下水降落漏斗（最高闭合等水位线）面积也在不断扩大，2001 年平原区漏斗面积为 820 平方千米，到 2010 年达到 1057 平方千米，占平原区总面积（6390.3 平方千米）的近六分之一。

2003 年以来，怀柔、平谷、昌平等应急水源地陆续建成，开采初期地下水埋深 10m 左右，近年来其水位以每年 3m—5m 的速度下降，目前应急水源地地下水埋深已超过 40m，接近设计开采值。而自应急水源地开采以来，其周边农用机井一半以上出水不足，严重影响了当地农民生产和生活，加剧了城乡在水资源分配上的矛盾。

3. 城市规模继续膨胀，城市用水刚性需求持续增长

改革开放以来，北京市实际人口增长速度远远超过了预测水平。1982 年修编的《北京市总体规划方案》要求“二十年内全市常住人口控制在 1000 万人左右”，这一指标在 1986 年即被突破。1991 年修编的《北京城市总体规划方案》要求“到 2010 年，北京常住人口控制在 1250 万人左右”，这一指标在 1996 年即被突破。2003 年修编的《北京城市总体规划（2004—2020）》要求“2020 年北京实际居住人口控制在 1800

① 周文华，张克峰，王如松．城市水生态足迹研究——以北京市为例［J］．环境科学学报，2009（9）．

② 北京市水务局．2010 年北京水资源公报［R］．2011．

万人左右”。而第六次人口普查显示，2010年北京市常住人口就已经达到1961.2万。与2000年第五次全国人口普查相比，十年共增加604.3万人，增长44.5%，平均每年增加60.4万人。以这种人口增长速度，单单城市居民生活用水量每年就要增加0.6亿立方米，而近十年来官厅水库年均来水量不过1.3亿立方米，相当于每两年就要消耗一座官厅水库。

综合生活用水、工业用水、农业用水和生态环境用水，预计“十二五”期间，北京市用水总量将达到37.2亿立方米—41.1亿立方米，是目前北京年均水资源总量的近两倍。其中，仅生活用水量即达到16.2亿立方米—18.6亿立方米，相当于枯水年份北京年均水资源总量。

（二）路在何方——解决北京水危机的探索

已有研究表明，当城市水资源使用量超过水资源生态承载力时，城市为谋求经济发展和社会安定必然要开辟新的水源或从外地调水，使城市重新处于水生态盈余状态，如此反复，呈现“S”型曲线发展模式[①]。2000年《国务院关于加强城市供水节水和水污染防治工作的通知》也明确提出城市供水“必须坚持开源与节流并重、节流优先、治污为本、科学开源、综合利用的原则”，节水和治污已是社会共识，但“科学开源”却是一个新课题。

1. 他山之石——南水北调的利益与困难

跨流域调水是目前解决水资源地区性分布不均的重要措施，大规模跨流域调水工程在20世纪50年代开始兴起。目前世界上已有24个国家和地区兴建了160多项跨流域调水工程[②]。比较著名的包括巴基斯坦西水东调工程、美国加州调水工程、澳大利亚雪山调水工程、加拿大丘

① 周文华，张克峰，王如松．城市水生态足迹研究——以北京市为例［J］．环境科学学报，2009（9）．

② 方妍．国外跨流域调水工程及其生态环境影响［J］．人民长江，2005（10）．

吉尔调水工程以及哈萨克斯坦的额尔齐斯调水工程等。这些调水工程的实施使水资源在一定程度上按照人类的意志在时间和空间上重新分配，使人们获得了相当的社会、经济和生态环境效益。

然而自20世纪70年代以来，国外大规模跨流域调水计划开始进行收缩，许多跨流域调水计划重新修改，有些计划甚至被放弃。其原因主要包括：第一，水源调出区的强烈反对；第二，投资大幅度增加，超出了工程受益地区的经济承受能力；第三，人们对工程经济上的可行性存在疑问；第四，难以确定跨流域调水对生态环境的影响范围和程度大小[①]。

我国自1976年提出《南水北调近期工程规划报告》以来，对南水北调一直存在着不同认识。[②③④⑤]尽管如此，2002年国务院《关于南水北调工程总体规划的批复》指出，“南水北调工程是缓解我国北方水资源严重短缺局面的重大战略性基础设施，关系到今后经济社会可持续发展和子孙后代的长远利益”。[⑥]当年12月28日南水北调东线工程率先开工，2003年12月30日，中线工程也随之而起。

在南水北调东、中、西三条线路中，中线工程自丹江口水库引水，沿伏牛山、太行山山前平原开渠输水，终点为北京。这一工程具有水质好、覆盖面大、自流输水等优点，是缓解华北水资源危机的一项重大基础设施，2015年完工后每年可向北京供水10亿立方米。这无疑将在很大程度上缓解北京地区供水紧张的局面，然而正如上文所分析，“十二五”期间北京用水总量将达到近40亿立方米。南水北调中线工

---

① 沈佩君，邵东国．国内外跨流域调水工程建设的现状与前景［J］．武汉水利电力大学学报，1995（10）．

② 刘昌明．南水北调对生态环境的影响［J］．海河水利，2002（1）．

③ 黄钟．南水北调，可能的后果［J］．南风窗（半月刊），2007（1）：20-23.

④ 左大康，刘昌明．远距离调水：中国南水北调和国际调水经验［A］．北京：科学出版社，1983.

⑤ 高丽，王继涛．南水北调对生态环境影响综述［J］．水利科技与经济，2008（2）．

⑥ 中华人民共和国国务院．国务院关于南水北调工程总体规划的批复［Z］．国函［2002］117号，2002-12-23.

程供水量仅能够解决北京缺水量的一半。另外，大规模跨流域调水不论在工程技术、自然生态还是社会管理方面都面临着重重困难。国外学者在20世纪80年代即指出“跨流域调水工程除非被看作是趋于枯竭水资源的‘抢救行动’才可能得到考虑”。指望南水北调工程从根本上缓解北京市水资源紧缺矛盾[①]无疑是不现实的。而作为中国北方经济核心地区的京津冀城市群，如果失去了稳定的水源供应，将供水安全保证寄希望于南水北调工程，也是十分危险的。

2. 以史为鉴——历史时期北京地区解决水危机的实践与经验

由于坐落在永定河冲积扇这一特殊地貌上，历史时期北京地区湖泊众多，地表泉水数以百计，在一定程度上满足了城市规划、园林设计、运河漕运、休憩休闲的需要[②]。金元以来随着北京政治中心地位的确立，城市规模不断扩大，水资源短缺成为困扰历代统治者的一大难题。

金代定都北京以前，北京城址位于莲花池以下。莲花池河从城西绕到城南，然后傍城南门外东流，为城市提供了便利的地表水源[③]。金代定都北京后，城市规模扩大，城市人口由16万人猛增至40万人，莲花池水系已不能满足城市发展的需要，统治者将目光放在了北面的高梁河水系上，进行了一系列河湖水系的调整与改造，高梁河水成为漕运的重要水源。

元代创建大都城，北京成为全国政治中心，到泰定四年（1327年）城市人口达95万人[④]。城市规模的进一步扩大使大都城在选址时完全放弃了原莲花池附近的旧城，城址转移到东北郊的高梁河水系。面对运河水源不足的问题，郭守敬建议从昌平白浮泉引水，顺平缓下降的地形，

---

① 北京市生态环境建设协调联席会议办公室．北京市生态环境建设年度发展报告［R］. 2004.

② 邓辉，罗潇．历史时期分布在北京平原上的泉水与湖泊［J］. 地理科学，2011（11）.

③ 侯仁之．北京历代城市建设中的河湖水系及其利用［A］. 侯仁之文集．北京：北京大学出版社，1998：93-115.

④ 韩光辉．北京历史人口地理［M］. 北京：北京大学出版社，1996：73-81.

西折东转，迂回南流，沿途接纳各处泉水，经瓮山泊，沿旧渠道下注高梁河，流入大都城内积水潭，再由积水潭开凿通惠河，抵达通州。这一建议取得了巨大成就，南方粮船由通州可直达都城，积水潭上“舳舻蔽水”。

明代至清代中前期，城市规模、人口数量相对稳定，北京城水源开辟并没有太大建树。自清代中期开始，为兼顾城内湖泊河渠和西郊园林用水，统治者开始考虑开辟新水源，试图将西郊一带泉水汇集，扩大瓮山泊，在其东岸以东低洼地带另建新堤，作为拦水坝拦蓄上游泉水，扩大后的瓮山泊改称为昆明湖。同时将西山卧佛寺附近以及碧云寺和香山诸泉利用引水石槽引水东下，汇玉泉山诸泉东注昆明湖。整个工程规模虽然不大，却已尽郊区引水之能事。

总结北京历史时期三次水危机，不难看出，每当人口膨胀、城市规模扩大后，北京不可避免地就要受到水资源短缺的限制，而历次水危机的缓解，靠的正是对北京附近水系的调整与改造。那么，今天北京附近的水系还能否为北京提供更多的水资源呢?

（三）涌泉相报——北京上游地区生态补偿与水源涵养

生态补偿作为一种将外部性和非市场价值转化为经济激励提供给生态服务提供者，使利益相关者的获益与受损达到平衡的机制，已得到越来越多的关注和认可。通过向上游水源区提供生态补偿，改变上游土地利用方式和生产方式，协调上下游之间的用水冲突已成为解决下游缺水的一种重要途径。

1. 生态补偿理论、方法及国外应用案例

生态补偿是指通过对保护资源环境的行为进行补偿，提高该行为的收益，从而激励保护行为的主体，增加因其行为带来的外部经济性，从而达到保护资源目的的做法[①]。对于生态补偿制度的实现，尽管可以是

① 毛显强，钟瑜，张胜．生态补偿的理论探讨［J］．中国人口·资源与环境，2002（4）．

货币、实物、人力、技术等多元化的，但应以货币补偿为主，建立生态补偿基金制度，实现补偿资金的最优化使用。①

通过上下游之间的流域生态补偿缓解上下游之间的利益冲突，解决水资源分配上的矛盾在国外已有许多成功的案例。纽约市北部的 Catskill 流域为纽约市提供了 90% 的水源，为了改善水质，处于下游的纽约市出资帮助上游的农户进行农场污染的治理，同时帮助改善他们的生产管理和经营，经过五年的项目实施，流域水质达到目标要求。1993 年法国天然矿泉水公司为保证矿泉水的质量，对上游水源地农民进行了持续七年的补偿。哥斯达黎加为增加 Sarapiqui 流域的年径流量，减少水库的泥沙淤积，流域内私营电力公司以现金的形式支付给上游的私有土地主报酬，要求将他们的土地用于造林、从事可持续林业生产或保护有林地②。

2. 北京上游水源地加强生态补偿力度的综合分析

北京对上游水源地区进行生态补偿，不仅是可行的，而且是亟须的。

从流域划分上看，北京市隶属于海河流域，自东向西分布有蓟运河、潮白河、北运河、永定河、大清河五大水系，共有较大支流 100 余条，除北运河上游温榆河发源于本市军都山外，其他四条水系均自境外流入。目前全市境内共有十八座大中型水库，其中密云、官厅两大水库占到了全市地表地下总供水量的 1/4，占全市地表供水总量的 2/3③。由于生态恶化、气候干旱以及上游地区社会经济的发展，北京地区入境水量呈现出急剧减少的趋势。如前文所述，密云、官厅两大水库常年平均来水量可达 19.32 亿立方米，而近十年来，两库年均来水量仅有 4 亿立方米，减少了 15.32 亿立方米，这是南水北调中线工程调水量的 1.5 倍。

---

① 杜万平．完善西部区域生态补偿机制的建议［J］．中国人口·资源与环境．2001（3）．

② Pagiola S. Payment’s for environmental services in Costa Rica［J］. Ecological Economics，2008，65（4）：712-724.

③ 北京市水资源规划领导小组．21 世纪初期首都水资源可持续利用规划［R］．2001.

在北京上游水源地建立跨区域有偿用水和生态补偿机制，北京市与张家口市、承德市已进行了有益的尝试。首先是2006年，北京市投资赤城县启动实施了“退稻还旱”工程，在黑河流域退稻还旱1.74万亩，每亩补偿330元；至2007年，又在白河流域退稻还旱1.46万亩，赤城县全县共退稻还旱面积达3.2万亩，并扩大实施到潮河上游承德市的两个县。在潮河流域的滦平、丰宁两县推行稻改旱3.6万亩和3.5万亩，三县共计10.3万亩，每亩补偿450元，共补偿资金4635万元。2008年开始，每亩补偿增加到550元，三县共补偿资金5665万元。

已有的研究表明[①]，“退稻还旱”后每公顷土地每年可节约农业灌溉用水15000立方米。如果按潮河流域退稻还旱的补偿标准550元/亩，有74%原种稻的农民愿改种玉米，仅河北省隆化县每年便可节约农业用水1.41亿立方米。补偿标准越高，当地农民退稻还旱的积极性也越高。当补偿标准提高到700元/亩时，“退稻还旱”的比例可提高到91%。2009年，河北省水田总面积11.24万公顷，当补偿标准提高到700元/亩后，每年可提供生态服务用水约15亿立方米，即便扣除蒸发、下渗、上游生活和工业用水等的影响，每年仍可有相当部分的水资源进入北京地区。此外，随着“退稻还旱”项目的推广，上游地区农药化肥的使用量将大幅度减少，这无疑也将减轻上游来水的污染，提高上游来水水质。

在北京上游水源地与“退稻还旱”项目同时进行的，还包括“退耕还草”、水土流失治理、小流域综合治理等项目。加大对这些项目的生态补偿力度，无疑也会为北京提供更加丰沛、清澈的水资源。

3. 所面临的问题与困难

从目前国外已实施的调水工程及生态补偿工程来看，其范围大都以州为单位，便于协调各地关系，减少了地区之间的利益纠纷。而北京地

---

① 吕明权，王继军，周伟. 基于最小数据方法的滦河流域生态补偿研究［J］. 资源科学，2012（1）.

区则面临着完整流域被行政区划条块分割的现状，给上游水源补给区生态环境治理修复和上下游之间水资源的整合调度带来了极大困难。以密云水库和官厅水库为例，密云水库上游共涉及河北省张家口市的沽源、赤城、崇礼、怀来、宣化、涿鹿，承德市的丰宁、滦平、兴隆和北京市的密云、怀柔、延庆等12个县（区），而官厅水库上游在行政区划上更是分属河北、山西、内蒙古、北京四省市，32个市、县、区。

由于下游地区对水源涵养区生态环境质量要求高，协调机制不通畅，对水源区经济发展产生了消极影响。自加大京津水源和环境保护力度以来，为保证水库水质，水源区大量项目因环保下马，大批企业因环保关停，冀北坝上地区大面积减少水浇地，大部分农民重新依靠天然降水进行耕作[①]。这也导致了当地干部群众有颇多怨言，打击了他们向下游供水的积极性。在这种情况下，推动、协调并完善不同行政区间的合作，实现水源供给区与受水区的互利共赢，就成为解决北京地区水资源短缺一个极为关键的问题。

尤其对于北京市而言，应彻底摆脱历史时期封建帝都高人一等的消极残余。不应将上游地区的付出看成理所应当，切实执行生态补偿原则中“谁受益，谁补偿”的市场经济原则[②]。参照国际惯例完善对上游水源地的生态补偿机制。

而对于上游水源地而言，应让北京实实在在感受到生态补偿所带来的现实效益。已有研究认为[③]，补偿活动是广大群众体现自身价值，实现某种理想、满足潜在欲望的一条有效途径。如果补偿活动能满足具有复杂动机的不同人的潜在欲求，成为有利可图的社会性途径，而且补偿回报率高，那么广大群众就会广泛参与补偿活动，补偿活动就会成为人们的自然选择。

---

① 刘桂环，张惠远，万军．京津冀北流域生态补偿机制初探［J］．中国人口·资源与环境，2006（4）．

② 王丰年．论生态补偿的原则和机制［J］．自然辩证法研究，2006（1）．

③ 洪尚群，马丕京，郭慧光．生态补偿制度的探索［J］．环境科学与技术，2001（5）．

面对北京市严峻的水资源供给形势，指望南水北调工程从根本上缓解水资源紧缺矛盾是不现实的；而失去了稳定的水源供应，将供水安全保证寄希望于南水北调工程也是危险的。历史经验和现代研究均表明，在北京周边地区开辟新水源并非没有可能。通过加强对北京上游水源地的生态补偿力度，完善补偿机制和补偿措施，在一定程度上恢复上游来水量，对缓解北京供水紧张的局面大有益处。面对完整流域被行政区划条块分割的现状，从全局出发建立流域生态补偿制度，实现上游水资源补给生态功能区的环境治理，协调上下游利益关系已成为解决北京水资源危机的重要步骤。

五、对北京供水安全和水资源可持续利用研究

（一）对北京供水安全和水资源可持续利用的思考

近二三十年来，严重缺水一直困扰着北京城市的发展和城市生活质量的提高。为缓解首都水资源供求矛盾，政府与主管部门已采取了种种措施，诸如加强科学管理、合理安排用水计划、开源节流、保护水源、增筑与完善水利工程、提高水资源的利用率等，在一定程度上保障了北京水源供给。在“南水北调”成功，长期超采地下水的问题得到缓解之后，笔者认为潮、白、滦河上游水资源仍然是北京水源的重要来源。其实早在20世纪90年代初笔者即开始了潮滦河上游水资源的调研与考察，先后发表了《开拓北京水源的思考》①《新时期北京水资源问题研究》②，将北京水资源研究的视野推向潮滦河上游。近期在潮河、滦河和白河上游的考察，发现仍需加强对北京水源上游的研究和投入，尤其需要增加资金投入，恢复生态建设，涵养上游水源，建立完善的流域生态和生态补偿机制。

1. 北京水资源开发主要问题

在面对城市发展尤其是改善城市环境和生活质量而带来的水资源需求不断增长，而在市域内又无可资开拓并满足需求的新水源的情况下，开辟并获取域外新水源已成为保障21世纪初期满足北京水资源供给的紧迫任务。寻求域外水资源的多种方案炙手可热，但均因各种因素的制约迟迟不得实施，其中具一定可行性的引滦济京方案，因涉及与兄弟省市的供水利益矛盾亦长期搁浅，甚至已发展到谈虎色变的严重地步。在

① 韩光辉. 开拓北京水源的思考［J］. 自然资源，1994（4）.

② 韩光辉，王林弟. 新时期北京水资源问题研究［J］. 北京大学学报（哲社版），2000（6）.

南水北调中线供水京、津和海水淡化在天津市实现，天津供水问题得到全面解决之后，引滦济京方案应该受到广泛关注。

滦河流域特别是滦河上游的承德地区，是京津冀最后一块有水资源开发潜力的地区。十余年来，我们利用十分有限的经费对滦河部分河段进行了野外实地考察和各种引水方案的比较研究及某些统计数据的分析，对新时期引滦济京的可行性进行了新一轮的考察。

20 世纪 80 年代以来，随着改革开放与社会经济的发展及城市人口的大幅增长和居民生活水平的提高，北京水资源供需矛盾一直呈上升趋势。目前看，北京水源存在的四大主要问题并未得到缓解：

一是水源供需平衡尚无保障。平水年（年径流量与多年平均径流量相近的年份）供需平衡一般还可保持，但枯水年份市域缺水量即达 10 亿立方以上。在素有“十年九旱”之称的北京地区，枯水年份的高频率无疑更增强了北京缺水的紧迫感和危机感。

二是城乡实际用水的年增长率已超过规划指标。近年来北京城乡实际用水量已提前数年超过规划需水量，北京城乡水资源供需矛盾愈来愈尖锐，已是明显事实。

三是地下水长期过量开采，导致北京地区水位大幅度下降。由此形成的地下漏斗东至顺义城区，南至南苑，面积达 2650 余平方千米，中心部位地下水位深达 24 米。近年来远郊区十八处深水井的开发更加重了北京市域地下水的亏损，威胁着地表稳定。

四是污水处理工程建设进度缓慢，废水污水排放量大，河湖水系遭到不同程度的污染，尤以郊区下游河道沟渠污染严重，导致水环境和地下水质未见好转。

因此，严格保护原有水源，加强市域污水资源化的研究和利用，以制止或缓解这些老问题继续发展的同时，密切关注北京水资源面临的新情况和新问题，开拓新水源，更是迫在眉睫。进入 21 世纪以来的十年年均水资源总量是 37 亿立方，向京津下游地区供水 29.4 亿立方，占当地水资源总量的79.5%。潮河流域面积为6107平方千米，多年平均向密云水库提供地表径流3.1亿立方，占密云水库平均入库径流的40%。滦河流域面积28858平方千米，多年平均向潘家口、大黑汀水库提供地表径流16.3亿立方，占潘家口水库平均入库水量的82%。

2. 引滦济京的可行性

在全面了解了滦河出境水量及下游弃水之后，就为引滦济京实际上是为有效利用滦河弃水，供应北京同时扩大天津、唐山后备水源，提供了坚实的资源基础，影响兄弟省市供水关系的顾虑也应该打消了。

滦河流域不仅拥有华北最为丰沛的水资源，而且还拥有相对南水北调、引黄济京等方案更富优势的引水条件。

首先，滦河水系中游位于燕山山地，与密云水库重要水源地潮河水系之间空间跨度小，两河河谷海拔高度是滦高潮低，易于连通形成自流引水。

潮河水系发源于承德市丰宁县，经密云区古北口潮河川进入北京，20世纪50年代通过修建密云水库蓄水以供北京用水。而滦河与潮河紧相毗邻，其中滦河支流伊逊河与兴洲河口间河段距密云水库及潮河的跨度只有50—60千米，中间为燕山中低山地，此处的滦河河谷海拔高度明显大于潮河河谷，借助一定的工程技术措施，沟通滦河与潮河及密云水库，可以形成全线自流引水，这为向北京供水提供了便捷条件。通过工程地质考察和科学论证，若能在伊逊河与兴洲河口之间，或者在兴洲河口以上合适位置修筑一座特大型水库（拟名燕山水库），用以调节多年供水，然后借助于输水涵洞及引水渠道与密云水库连通，形成北京市域内外六库（云州水库、白河堡水库、密云水库、怀柔水库、十三陵水库、燕山水库）连珠，可进一步优化北京市域水源枯丰状况的调节，近期可缓解前述供水缺口，远期则可解决供水紧缺问题。同时，可以供水潘家口水库，为天津及唐山提供后备水源。

从工程角度看，滦、潮河间跨度小，又有部分天然河道可资利用，水源有保障，蓄引水工程造价低，可节省投资，引滦济京应为21世纪初开拓北京水源的可选方案。

其次，滦河水系水源丰沛、水质优良。据滦平三道河子水文站提供的数据，滦河在伊逊河口以上处的年径流量为6.5亿立方上下，主要接纳了大滦河、小滦河、兴洲河水源，丰水年可达到10余亿立方，水量远较目前供水密云水库的潮河水源丰富。这一水源因流域植被覆盖良好，水源涵养林面积广大，具有夏秋丰沛、冬春不枯、水土流失不太严重等特点，基本可以保证常年供水。同时，由于滦河流域人民群众长期坚持植树种草、涵养水源，使滦河水源得到了良好保护。故而伊逊河口以上的滦河及其支流水质较好。据滦平三道河子水文站测定，滦河水质为Ⅲ类；据隆化县沟台子水文站测定，小滦河水质Ⅱ类；均符合国家饮用水标准。依据丰宁县波罗诺水文站测定，兴洲河水质属Ⅴ类，为超标准不宜直接饮用水，但仍较流入官厅水库的水水质好。在作为北京重要供水水源的官厅水库上游截流严重、来水大幅度减少、上游水源受到污染、水质下降、直接影响北京供水的情况下，滦河中上游及其支流水源的良好水质无疑也成为未来北京水源的最佳选择。

再次，潮滦河流域作为京津地区重要水源地，干群拥有良好的供水意识和供水传统。

数十年来，尤其“七五”以来，为保障京津供水，滦河包括潮河流域的广大干群在“坝上农业生态建设”“首都周围绿化工程建设”“滦河、潮河上游综合治理”等工程项目建设的带动下，结合本区经济建设，做了大量涵养滦河、潮河上游水源，治理水土流失的工作，20世纪末累计投入建设资金12.6亿元，劳动积累工3.85亿个。在林业生态工程建设方面，结合国家“三北防护林体系建设”的实施，流域干群将投入产出周期长、效益慢的林业摆放到了区域经济建设的首位，确立了发展林业与建设生态农业的经济战略。20世纪90年代累计造林61.33万公顷，使承德市森林覆盖率由十年前的28%提高到41.8%，提高了13.8个百分点，有力地改善了生态环境质量，也推动了经济建设和林业产业的发展。结合国家“滦河、潮河上游综合治理”工程项目，以滦河、潮白河为重点的闭合小流域封闭配套治理，累计治理水土流失面积1.514万平方千米；累计种草11.81万公顷，治理沙化面积7.06万公顷。为防止砍伐山林，解决好植树造林与农民烧柴的矛盾，引导群众推广了节柴灶、沼气池，发展与使用新能源。21世纪连续十年来，组织实施了京津风沙源治理和退耕还林工程，有林地面积达到3310万亩（截至2010年），森林覆盖率达到55.8%。

由于生态环境的不断改善，滦河流域的侵蚀模数（侵蚀模数是土壤侵蚀强度单位，是衡量土壤侵蚀程度的一个量化指标）已经由20世纪70年代的每平方千米233吨下降至104吨，三道河子水文站上游（伊逊河入滦河河口以上）1995年径流含沙则降低到每立方0.54千克；潮河流域的侵蚀模数由402吨减少到335吨，平水年份径流含沙量已降低到每立方3.6千克。京津两大水源地密云与潘家口水库水质得到进一步净化，并减少1/5以上的泥沙淤积。为保护水源，减少污染，承德市与所属区县在制定与执行各种环境保护法规的同时，着重就造纸、食品、电镀、化学、水泥五种污染性行业制定了专门具体的防治措施，加强了对市域480个乡镇工业污染源的管理和整顿。至1997年，已下马化肥厂4个，关闭环境污染严重的小型工厂670个，使污染物排放受到一定控制，也为此承受了巨大的经济损失，但滦河、潮河水系水质却有了明显改善。潮河干流戴营河段和小滦河沟台子段水质达到Ⅱ类，兴洲河波罗诺河段水质为Ⅲ类，滦河干流三道河子河段水质为Ⅳ类。总体上考察，河流水质受多种因素制约，变化复杂，但滦河、潮河上游水质变化多年来在逐步改善。

总之，滦河流域拥有水源较丰富，开发潜力大，水质优良，供水较为稳定；滦、潮二河空间跨度小，工程相对简易，投资少；流域干群供水意识强，关系易协调，输水有保障等优势。相对前述其他方案进行综合考察，开发滦河上游水源应该是21世纪初期开拓北京水源，也是填补北京水源缺口的可选方案。

3. 引滦济京需要注意的问题

根据《中华人民共和国水法》“开发利用水资源……兼顾上下游、左右岸和地区之间的利益，充分发挥水资源的综合效益”的原则，及北京城乡供水已长期受益的事实和北京城乡供水的长远利益，建议北京市在保护和治理滦、潮河上游生态环境、开发和利用滦、潮河上游水资源方面，加强与河北省及承德市的联系与交往，推动并加速滦、潮河流域水源涵养与开发的进程，为实施新时期引滦济京工程创造良好条件。

针对潮白河流域水系仍存在着地下水位持续下降、生态环境脆弱、河道两岸绿化水平低、局部河段污水入河等问题，北京市政府投入大约149亿元实行综合治理。实施综合治理后，潮白河流域水源地一二级保护区及水库上游主要河道将达到无污水直排，垃圾实现统一收集、无害化处理。但目前严重存在的省市间经济社会、生态环境及水资源利益显著反差，仍需引起国家和北京市政府的关注。

值得注意的是，在北京水源的上游，在建立跨区域有偿用水和生态补偿机制方面，北京市与张家口市、承德市已进行了有益的尝试。赤城县稻改旱工程的实施，每年可为北京多供水大约2000万方。赤城县稻改旱、生态补偿的经验，至2007年开始扩大实施到潮河上游承德市两县（滦平、丰宁）。

在2005—2007年间，北京市向滦平县环保局和水务局对口支援1043万元，其中用于潮河流域水田改旱田项目403万元，用于潮河流域8个乡镇8个垃圾填埋场项目640万元。2007年，为了落实京承生态合作备忘录，北京市投资1500万元，在滦平县潮河流域实施“稻改旱”项目，改种稻田为大田玉米，每亩补偿450元，共3.5万亩，稻改旱工程共补偿1575万；2008年，每亩增至550元，共补偿1925万元。按正常年计算年可节约灌溉用水1260万立方米。

丰宁县2007年开始推行稻改旱项目，每亩补偿450元，面积达3.6万亩，共补偿1620万元；2008年每亩补偿增至550元，共补偿1980万元。

稻改旱项目改种节水型大田农作物，节约了水资源，也减少了农药、化肥对河水的污染。但农民改种旱田平均亩产减收500元以上，对实行稻改旱工程的各县的农业经济发展必然有所影响，给予农民补偿是应该的。另外，这些年来物价明显上涨，又给当地农民的生活带来新的困难。希望根据社会物价上升的幅度，不断调整补偿的标准，继续健全完善这种补偿制度。从2008年以来，每亩补偿550元的标准一直维持不动，显然是不合适的。希望政府思考并解决这一问题，为完善流域上游生态和生态补偿机制打下基础。

关于引滦水资源可持续利用项目至今尚未全面展开，恐怕还需要时日。

综上所述，不失时机地将21世纪初期解决北京城乡水资源紧缺、缓解供求矛盾的视野部分转向潮、滦河流域，采取有效措施，建立流域生态补偿机制，涵养水源，是目前值得考虑的战略选择。这一选择将有利于新时期北京及天津、唐山用水的可持续供给。

参考文献：

［1］韩光辉.开拓北京水源的思考［J］.自然资源，1994（4）.

［2］北京市水利局.北京市水中长期供求计划报告（1996—2000—2010年）［R］.1996.

［3］中华人民共和国水法［N］.人民日报，1988-01-23.

［4］文伏波，俞澄生.南水北调与我国可持续发展［J］.大自然探索，1998（3）.

［5］承德市人民政府．河北省承德市生态农业建设总体规则（1997—2010年）［R］．1998.

［6］韩光辉，王林弟．新时期北京水资源问题研究［J］．北京大学学报（哲社版），2000（6）．

［7］于凤兰等．海滦河水资源及其开发利用［M］．北京：科学出版社，1994.

［8］水利部，北京市人民政府．21世纪初期首都水资源可持续利用规划［R］．2001.

（二）北京水资源可持续利用研究

多年来，北京真正大量依赖的一直是“应急水源”，即大量超采深层地下水。在南水北调中线实现之后，能供水北京10亿立方，但也仅能补偿枯水年份的水源缺口。面对完整流域被行政区划条块分割的现实情况，从全局出发建立流域生态补偿机制，实现上游水资源补给生态功能区的环境治理，涵养流域水资源，整合调度上下游水资源，逐渐回灌多年超采地下水形成的漏斗，调蓄多年深层地下水，保障流域地下水水质，以实现水资源供水安全及可持续利用，仍然是目前极为艰巨的任务。

1. 国内外跨流域供水现状及动态分析

跨流域引水不仅在季风气候盛行的中国是解决北方缺水地区和城市水源的重要出路和理性选择，而且历史上已取得了元代开金口引卢沟河济“运石大河”（文明河），[①②]“白浮瓮山河”[③④]及新中国京密引水、

① 侯仁之．北京历代城市建设中的河湖水系及其利用［A］．侯仁之文集．北京：北京大学出版社，1998.

② 蔡蕃．北京古运河与城市供水研究［M］．北京：北京出版社，1987.

③ ［元］脱脱等．金史［M］．北京：中华书局，1975.

④ ［明］宋濂等．元史［M］．北京：中华书局，1976.

引滦济津并供水唐山等跨流域引水的成功经验。[①] 在国外则有美国加州调水工程和中央河谷工程、巴基斯坦印度河调水工程、苏联中亚细亚调水工程、澳大利亚雪山工程等，其中美国加州调水工程是自 20 世纪初开始的。[②③] 比较而言，中国跨流域引水历史早，但规模小，经验尚欠不足，尤其新时期首都供水缺口的发展趋势，迫切要求在积极促成南水北调中线工程，供水北京 10 亿立方尽早实现的同时，努力抓紧对近距离跨流域引水工程的研究与探索，积极开展流域上游水生态环境的研究和改善及修复，涵养上游水源，以保障 21 世纪北京不断增长的水源需求的供给。[④⑤] 值得注意的是，全球性干旱的发展必将导致跨流域引水的发展和上游水生态环境的改善，并将要求提高到一个新水平。[⑥⑦⑧] 瑞士达沃斯世界经济论坛年会（2009-01-30）发布报告称：全球正面临"水破产"危机，警告"人类不能像以往那样使用水资源，否则全球经济网将崩溃"。从这种意义上讲，也有必要从多方面开展研究，采取多种措施，即在远距离调水的同时，加强对上游水生态及科学开源可行性研究，为北京与国际开发、利用和涵养水资源提供新鲜经验。

自 1976 年提出《南水北调近期工程规划报告》以来，南水北调一直存在不同认识。[⑨⑩]2002 年初完成《南水北调工程总体规划》，国务院《关于南水北调工程总体规划的批复》认为"南水北调工程是缓解我国北方

---

① 河北省水利史志丛书·唐山市水利志［M］. 石家庄：河北人民出版社，1990.
② 中国大百科全书·水利［M］. 北京：中国大百科全书出版社，1992.
③ 左大康等. 华北平原水量平衡与南水北调研究文集［A］. 北京：科学出版社，1985.
④ 阮本清，魏传江. 首都圈水资源安全保障体系建设［M］. 北京：科学出版社，2004.
⑤ 韩光辉，王林弟. 新时期北京水资源问题研究［J］. 北京大学学报（哲社版），2000（6）.
⑥ 韩光辉. 可持续发展的历史地理学思考［J］. 北京大学学报（哲社版），1994（3）.
⑦ 张翔，夏军等. 可持续水资源管理的风险分析研究［J］. 武汉水利电力大学学报，2000，33（1）.
⑧ 王小民. 二十一世纪的水安全［J］. 社会科学，2001（2）：25-29.
⑨ 黄钟. 南水北调，可能的后果［J］. 南风窗（半月刊），2007（1）：20-23.
⑩ 左大康，刘昌明. 远距离调水：中国南水北调和国际调水经验［A］. 北京：科学出版社，1983.

水资源严重短缺局面的重大战略性基础设施，关系到今后经济社会可持续发展和子孙后代的长远利益”。[①] 中线“将从根本上缓解北京市水资源紧缺矛盾，有效控制地下水的超量开采”，[②] 为新时期提供良好的供水安全。2008 年 9 月建成的京石段应急供水工程引河北四库供水北京，到 2009 年 4 月底累计输水 1.8 亿立方米，虽在一定程度上缓解了北京水资源的燃眉之急，但 5 月份宣布南水北调工程原计划于 2010 年引 10 亿立方米长江水进京的规划，将推迟到 2014 年。由此看来，首都“应急水源”即开采深层地下水仍在继续。北京市根据国务院的要求提出了“节水为先、治污为本、科学开源、战略调水”的供水思路，节水和治污已是社会共识，但“科学开源”却是新课题。“科学开源”就是对区域水资源进行全面科学的研究与评价，开辟新水源。这里包括借鉴历史、研究水源补给区人地关系，包括城市调水范围和方向，流域上游生态环境的改善和治理、涵养水源、研究水资源承载力及其对策。事实上，由于流域被行政区划分割，给上游水资源补给区被严重破坏的生态环境的治理与修复和上下游水资源的整合调度带来了极大困难，致使流域下游只能局限于市域范围内找水源，在应急时协调上下游关系。这种做法的确不能再继续下去了。因此，北京继续增长的水资源需求不仅亟待解决，而且政策性很强，难度甚大。此项研究在流域深入调研基础上，将提出结合流域新农村建设，建立流域生态补偿制度，改善流域生态环境，涵养水源，恢复水质污染严重的饮用水源地功能，监测流域水质，以保障持续利用，体现地理学在解决区域水源方面的学术功能；同时提供跨流域远距离引水和近距离供水的比较研究，具有重要的科学理论意义，也具有重要的应用前景。把北京建设成为供水安全的“绿色北京”、宜居的首善之区，解决水源是关键。

---

① 中华人民共和国国务院．国务院关于南水北调工程总体规划的批复［Z］．国函［2002］117 号，2002-12-23.

② 北京市生态环境建设协调联席会议办公室．北京市生态环境建设年度发展报告［R］．2004.

笔者结合北京城市水源缺口大，供给困难的问题，对滦河流域水资源及该区社会经济发展等做了有目的的调查研究，得到了不少重要资料，完成了《开拓北京水源的思考》《新时期北京水资源问题研究》，针对北京上游供水问题再次提出有关建议，引起了积极的反响。借此不失时机地进一步调研、探索、获取系统资料，对新时期北京供水方案、对北京地区各河系流域生态环境和水资源状况及建立流域生态补偿机制、北京城市应急水源超采等问题进行更科学、更充分的论证，为解决新时期北京水源供需安全提供决策。

总之，在国际社会关注的北京改善城市环境、扩大城市水面、提高生活质量带来的水资源需求迅速增长、市域内又无可资开发并满足需求的新水源的情况下，以不同方式开辟并获取域外新水源，包括流域上游和跨流域水，已成为保障21世纪初满足北京水资源供给的紧迫任务。

2. 北京水资源可持续利用的实践

北京坐落在西山山麓潜水溢出带前沿，这里“平地导源，流结西湖（莲花池）”[①]“平地有泉，滮洒四出（海淀万泉庄）”“泉出石罅间，渚而为池（玉泉山）”“飞泉突出，冬夏不竭（满井）”[②]，地下水源丰沛。建城历史已达三千余年的北京，随着城市功能的复杂化和规模的扩大，尤其金元以来，政治中心地位的确立，一方面，金元明清时期在卢沟河及拒马河和潮白河流域上游因宫殿、寺庙建筑和木材薪炭采办，森林被砍伐，[③④⑤]造成童山秃岭，加以草场过牧，植被退化，水土流失严重；辽金由古代清泉、桑乾河演变为卢沟河；元明更出现了浑河、小黄河、无定河等名称，康熙中赐名永定河，造成下游频繁改道、地面淤积、

① ［清］杨守敬．水经注疏［M］．南京：江苏古籍出版社，1989：卷13：56.
② ［明］蒋一葵．长安客话［M］．北京：北京古籍出版社，1994.
③ ［清］张廷玉等撰．明史［M］．北京：中华书局，1974.
④ ［民国］赵尔巽等撰．清史稿［M］．北京：中华书局，1977.
⑤ 龚胜生．元明清时期北京城燃料供销系统研究［J］．中国历史地理论丛，1995（1）：141-159.

灾害严重。[1]因此，历史上就已出现了上游森林与草地植被破坏与下游水资源开发利用的矛盾，并开始有效的水源开发。另一方面，国都城市点缀宫苑、漕运粮食和建材及郊区灌溉农业等用水迅速增加，对京郊河湖水系的开发利用不断扩大。其中以元代和清代开辟新水源，解决城市用水成就最大，这就是元代从昌平白浮泉远距离引水和开金口河跨流域引水，清代疏掘瓮山泊扩大为昆明湖水库蓄水以解决水资源等有效措施，这些措施在不同程度上解决了当时的水源问题。

20 世纪 50 年代先后修筑官厅、密云、怀柔等大中型水库及配套工程，引永定河、潮白河水源保证京津供水已取得明显成效。[2]20 世纪 80 年代潘家口、大黑汀两水库专供津唐二市，密云水库专供北京，进而形成潮白河、滦河上游水源专供京津唐的形势。两水系位于燕山山地，政府和群众在林业和农业生态工程建设方面做了大量涵养潮滦河水源、治理水土流失的工作。[3]随着改革开放、城市规模扩大和工农业生产迅速发展，城市缺水日益严重，上游各县市井泉[4]不断干涸，有些区县井泉干涸达 1/3 以上，湿地不断萎缩。在素有“十年九旱”之称的京津唐张地区，在水资源供给方面四市紧密地联系在一起，形成了水资源共享关系。在这个城市群体中，北京政治和文化中心、现代国际化大都市的地位越发凸显，对于供水安全提出了更高的要求。但枯水年份北京市域缺水量达 10 亿立方以上，即便 21 世纪初实现中线南水北调，供水北京 10 亿立方，仅能补偿目前水源缺口。因此，北京继续增长的水资源需求不仅亟待解决，而且政策性很强，难度甚大。此项研究应结合流域新农村建设，改善生态环境，涵养水源，恢复水质污染严重的饮用水源地功能，监测流域水质，以保障持续利用，同时涉及跨流域远距引水和近距供水的比较研究和方案选择，具有重要的科学理论意义，

---

① 尹钧科，吴文涛．历史上的永定河与北京［M］．北京：北京燕山出版社，2005.
② 于凤兰等．海滦河水资源及其开发利用［M］．北京：科学出版社，1994.
③ 韩光辉．开拓北京水源的思考［J］．自然资源，1994（4）．
④ ［民国］宋哲元，梁建章．察哈尔通志［M］．台北：文海出版社，1966.

也具有重要的应用前景。

北京人均水资源量不足300立方，为全国人均的1/8，世界人均的1/30。[①] 水资源紧缺成为制约首都可持续发展的最重要"瓶颈"。近年来坚持以水资源保护为中心构筑"生态修复、生态治理、生态保护"的三道防线，实施开源与节流并举，促进市域水资源整合与开发，已取得了令人瞩目的成绩。在全球气候变暖的大环境下，21世纪以来连续枯水，水资源总量仅约24亿立方，缺水11亿立方以上；密云水库蓄水一直在10亿立方上下徘徊，可利用水量仅有2.9亿立方，官厅水库也只有1.3亿立方，城市缺水主要靠动用多年蓄水和超采地下水来解决。市域地下水可采储量平原区24.55亿立方，山区1.78亿立方，共26.33亿立方。[②] 如果是枯水期仅够十年使用，因此地下水美其名曰"应急水源"。在这种供水形势下"经有关方面批准，北京市采取了一种临时超采地下水的应急措施，并已付诸实施，取得了较好的效果。北京市这项应急备用地下水源工程，不仅解决了城市工农业及人民生活用水之急需，同时也提供了一个地表水、地下水跨区域联合调度的新途径、新设施，意义十分重大，为地下水的开采利用提供了一种新思路"。事实上，深层地下水超采已有数年，而且还在继续，如果按照上述可使用十年的说法，首都供水安全绝对不容乐观。北京地下水超采形成的漏斗区目前已达2650平方千米，并引起地面沉降，沉降点最大累计幅度已达850毫米，地下水埋深从1990年的10米到2011年已达到24米，水资源透支严重；上游各县因生态破坏、水土流失，同样出现了湿地萎缩、河道断流、井泉枯竭、地下水水质下降等一系列问题。如果北京继续超采有限的"应急水源"，这些现象还在加剧。"应急水源"还是"常用水源"是决策者应该认真思考的大问题。

---

① 郝仲勇，刘洪禄．北京市水资源短缺及对策浅析［J］．北京水利，2000（5）：17-18.

② 水利部，北京市人民政府．21世纪初期首都水资源可持续利用规划［R］．2001.

3. 水资源可持续利用的关键问题

（1）水资源可持续利用的相关基础研究

打破行政区划条块分割，对完整流域进行上游水资源补给区的生态环境治理和上下游水资源整合调度，需考虑以下内容：

a. 全面查阅历史文献、档案和统计资料，深入研究金元以来不同时期北京上游各流域森林覆被与砍伐状况、草地退化及由此引起的水土流失，以及水资源开发利用的全过程及其互动关系，总结北京水资源开发利用的历史经验。并由这些资料来复原不同时期人口、聚落、水井渠堰、土地利用、土地覆盖和退化、水资源状况和经济结构的空间特征，全面评价金元以来北京周边地区生态环境现状及其由来，为复原区域最佳生态环境提供依据。

b. 从流域实地考察与调查入手，确定已枯竭的水井开挖、利用和干涸的大体年代，进行综合性多学科研究，探索流域井泉干涸、湿地萎缩的原因，以行洪下泄径流量及其季节分配调查为主，对滦河流域及沿河各测站进行重点调查研究，收集气象、水文资料，同时加强对流域地下水与地表水资源及工农业和城乡生活用水的调查，特别注意跟踪官厅水库及其上游水质污染状况，辨识人文因素与生态要素之间的关系，捕捉生态环境演变的驱动力。对滦河流域和永定河上游洋河流域、潮白河流域及拒马河流域，做相应的考察和调研，获取可资对比研究的生态环境、水资源资料，突出潮滦河上游生态综合治理、涵养水资源、治理水土流失的数据资料，为相关流域提供生态环境涵养水源的成功经验。

c. 关注地方政府涵养水源与保障供水的政策及对当地群众供水传统和供水意识的调查与对比研究。选择一个流域开展建立生态补偿机制的研究，为建立健全与水资源涵养相关的生态补偿机制提供思路。坝上坝下地区是京津唐主要水源补给区，又是北京、天津的重要风沙源和风沙通道，配合国家京津风沙源治理工程开展相关研究，为修复草地防沙治沙、涵养水源提供新思路。

d. 南水北调实现后，建议加强对北京地区环境后效的投资和经济效益的跟踪研究，科学配置当地水、外地水和非常规水源，有效限采地下水，希望逐渐改变北京地下水埋深 20 米，漏斗区达 2000 平方千米的状况，避免区域性“水破产”危机的出现。

通过研究，全面认识北京地区各流域森林覆被、水资源状况，并进行客观评价，增加对上游地区涵养水源重要性的认识与投入，以及水资源调度、加强生态环境治理，选择一个流域建立生态补偿机制，保证水利设施永续利用；开展多方面研究，寻求多种途径，提供解决新时期首都水源短缺的有效途径，保障北京供水安全和经济社会可持续发展；逐步解决超采深层地下水及其带来的地下漏斗区不断扩大、地面沉降和地下水埋深不断加深的问题；论证并把握跨流域引水北京的优势和问题，提出开拓北京应急水源的重要性和可行性及保障率。

（2）关键问题——建立流域生态和生态补偿制度

地理学提出建立流域生态补偿机制，修复生态环境、涵养水源的调控机理。以地球系统科学和可持续发展观为指导，针对北京地区突出的水资源问题，阐明人类活动对上游生态环境和下游水资源造成的严重影响，意在以加强潮白河、永定河（主要是洋河）、拒马河上游水源补给区生态环境的修复和重建的研究为核心，改善流域生态、涵养水源、增加水资源供给、保障城市供水安全。

基于研究人类活动影响环境演化下的生态环境和水环境相互作用的机理，识别人类活动和自然过程导致的水循环异常，以流域生态补偿机制作为调控北京水资源紧缺的新思路是实现北京城市水安全的重要途径。在调研对比的基础上，可借鉴潮滦河上游生态综合治理、涵养水源、治理水土流失的成功经验，建立流域生态和生态补偿制度，以恢复永定河（主要是洋河）、拒马河、潮白河上游水源涵养林（乔木和灌木）、草场，实现历史上该区域生态环境的最佳状态。

在北京水源的上游，在建立跨区域有偿用水和生态补偿机制方面，北京市与张家口市、承德市已进行了有益的尝试。赤城、滦平、丰宁三县共补偿资金 5665 万元。按正常年计算滦平县年可节约灌溉用水 1260 万立方米，赤城县每年可为北京多供水大约 2000 万立方米。

近期，在潮河、滦河和白河上游的考察中，发现稻改旱项目改种节水型大田农作物，节约了水资源，也减少了农药、化肥对河水的污染。建议北京市人民政府不失时机地加强对北京水源上游的研究和投入，尤其需要增加资金投入，恢复生态建设，涵养上游水源，建立完善的流域生态和生态补偿机制，进一步扩大涵养水源的成果。建议引进水资源可承载力和可持续利用概念，全面了解社会经济与水资源利用和生态环境变化之间的互动机制。

总之，多年来，除南水北调中线方案外，没有哪一个政府部门关注流域上游生态补偿和上游水资源涵养及上下游水资源整合调度，调蓄多年超采深层地下水这一重要问题。北京作为首都，率先在赤城、丰宁和滦平三县稻改旱，并支持展开流域上游水资源状况和生态补偿机制的调研，将调研成果及时上报国务院及有关职能部门，最终由国务院协调解决流域生态环境、涵养上游水资源、养蓄多年来超采的深层地下水，从根本上解决流域供水安全问题。目前来看，在完整流域被行政区划条块分割的情况下，推动、协调并完善不同行政区间的跨界合作机制，才能最终解决北京水资源问题。

城市水环境问题是目前中国城镇化进程中不可忽视亦不易解决的难题，在建设美丽中国的新形势下，城市水环境被赋予了新的内涵和要求，健康的水环境是实现城镇可持续发展的前提和基础，是确保人与自然、人与社会、城市与经济、环境和谐发展的重要因素，也是我国城镇化健康发展的客观要求。水资源综合管理是多方合作实现可持续的有效的水资源管理的一个基本前提和途径，文中以北京水资源可持续利用研究为例，旨在提出跨流域调水及其生态补偿机制这一应对城市水危机的更全面的解决方案，并为水资源综合管理提供一个新的视角。

六、水库区移民给水源上游生态补偿的启示

（一）实行非农化转移是库区移民工程的根本出路

20世纪50年代以来，新中国为发展水利事业，先后在全国各地修筑了8.6万余座大、中、小型水库，其中大型水库355座，中型水库2462座，大中型水库共2817座。库区系指水库与周边地区的区域复合体。在因水库兴建导致的库区多种矛盾冲突中，以人口与土地资源的矛盾冲突最为尖锐。因大中型水库规模大，淹占土地面积广，绝大多数均存在移民工程，故而造成的社会经济问题较多，情况复杂，必须做专门研究与探索。优先缓解库区人地关系的矛盾成为推动库区人口、资源、环境与社会经济协调发展并最终解决库区贫困问题的关键。研究认为，向库区下游受益地区实行非农化转移（农转非）是库区移民工程的根本出路。

1. 水库兴筑及其功过评说

我国大中型水库的兴筑主要是新中国成立之后，尤其是在创办了“人民公社”的年代里。“人民公社”的“一大二公”优越性首先为水利事业的大兵团作战提供了劳动力资源和土地资源。廉价的农村劳动力和土地资源成为当时大量修筑水库的基本物质条件。

另外，中国是一个季风气候控制下的农业国家，干旱自古以来就是中国尤其北方农业发展和粮食生产的严重制约因素。而洪涝又是江河的中下游某些地区社会生活和农业经济发展的障碍乃至破坏因素。历史上，黄河、淮河、海河流域的洪涝灾害无情地夺走了千百万人的生命，狂暴地荡涤了财产，淹没了良田，给人民带来了深重灾难。因此，发展灌溉农业，改善农业生产条件，增加粮食生产，保证人口大国的粮食供给；

开发水力发电，增加能源，保证工农业乃至城乡生活用电；调度蓄泄，调控水资源枯丰状况及其季节分配，保障下游人民生命财产的安全，成为新中国大量修筑大中型水库及小型水库的基本动力。

几十年来的水库运作过程表明，以大中型水库为骨干的水利工程不仅获得了发展灌溉农业和增加能源两个方面的预期经济效益，而且还发挥了节制洪水、调度蓄泄和水资源枯丰、保障水库下游地区人民生命财产安全的重大社会效益。仅据20世纪80年代初全国321个大型水库的主要经济指标统计，设计灌溉面积15566.21万亩，有效灌溉面积已达到12278.95万亩；装机容量设计为1184.19万千瓦，实际已达到1139.87万千瓦；年发电量设计4753824万度，实际已达到3450531万度；可养鱼水面为1114.71万亩，已养鱼水面达680.37万亩。若加上大约8.6万个中小型水库在灌溉、发电及淡水养殖方面的经济效益，水库在支援我国工农业生产方面所发挥的重大作用是有目共睹的。

同时，水库尤其大中型水库在汛期拦蓄洪水、降低洪峰水位、缓解下游洪涝灾害方面更发挥了特别的社会效益。以淮河下游为例，解放后在中上游修筑水利工程的结果，基本上解除了洪水对下游人民生命财产的直接威胁。事实上，除水库本身所拥有的这种功能之外，广大库区干群每届汛期总是把抢险护坝、压缩灾情到最低限度作为头等大事。如泗河上游贺庄等四座大中型水库在1990年、1991年两年特大暴雨洪水面前，牺牲局部，保全大局，科学调度蓄洪错峰，保障了下游京沪、兖石铁路的畅通及下游曲阜、兖州、济宁等县市工矿企业和人民生命财产的安全，从而保证了下游社会生活正常、稳定。因此，水库兴筑与运作所创造的经济效益和社会效益不容低估，库区干群的奉献和牺牲精神尤其值得称道，功不可没。

但是社会不能也不应该忽视水库正、负效益分配的异域性特点。如果将上述各类效益看作是正效益，那么兴筑水库所带来的各类社会经济问题显然应该属于负效益。社会调查的结果以及水库运作的实践均客观表明，水库上下游负、正效益的地域差异十分明显。每建造一座大中型水库就自然地形成一个特殊的地域单元——水库水面及其周边陆地的区域复合体，这就是水库区。因水库蓄水淹占大面积土地及其他资源，使库区人口不仅丧失了生产资料，而且也丧失了大部分生活资料，因而直接导致了库区人口、资源、环境和经济社会发展之间的突发性尖锐矛盾，并进而造成库区人民长期处于生计困难、生活贫困的状况。

水库一般是利用天然河道及两岸山地人工筑坝潴水而成的水域，通常位于山区和丘陵谷地中。因河谷阶地土质肥沃，水源充足，历史上即形成了富庶的河谷阶地农业和规模不等的村镇聚落。由某些库区群众至今还眷恋着旧日生活条件可知，在修筑水库之前，这里的人地系统原本是协调的或基本协调的。而水库尤其大中型水库的兴建，不仅淹占了大量富庶的土地，而且搬迁了村镇，迁移了人口，根本改变了历史形成的社区状况。据 80 年代初统计，全国仅 321 个大型水库就淹没耕地 871.23 万亩，迁移人口达 448.57 万人。若加上中小型水库区移民，移民总数超过 1000 万人，淹没耕地在三四千万亩以上。以山东为例，截至 80 年代末，全省修筑验收的大中型水库共 168 座，搬迁村镇 1900 多个，拆除房舍 92 万间，淹占耕地 154 万亩，迁移人口至 1987 年已增加到 120 万人。库区人均淹没耕地 1.28 亩；若按后靠迁移人口计，人均被淹占耕地 1.72 亩，人均剩余 1.21 亩。库区人民是水库修筑的直接受害者和负效益的承担者。在库区社会问题调查中，库区群众较普遍地流露甚或直言不讳地表达了这种情绪及看法。对此不应感到奇怪。因为在这些具体的统计数据的背后，还存在着由于水库兴筑带来的一系列棘手的社会经济问题。近十余年来政府和社会对这些问题的认识和关注程度已明显增强。概括学界与各地调查研究的结果，一般笼统称之为“水库移民遗留问题”。直至目前，水库移民遗留问题解决得还很不平衡，仍有不少库区还存在生产力水平低、移民耕地少、饮水困难、交通不便、经济落后、生活贫困等一系列问题。

2. 库区人口迁移形式及库区贫困症结分析

库区贫困，如上所述，无疑是水库兴筑的伴生现象。在修筑水库之初，为缓解水库淹占区人口多、耕地少的尖锐矛盾，中国政府在对库区人口坚持经济补偿和物资扶持的同时，努力实施了迁移库区人口、压缩库区人口规模的政策及措施，曾获得了一定效益。

（1）远距离迁移库区人口，即将库区一部分人口迁往外省区如东北及西北地广人稀的地区安置。为完成库区人口的远距离迁移，防止回流，我国政府投入了巨额经费，采取了种种鼓励移民和妥善安置措施。但移民因受“安土重迁”思想、经济社会及环境条件等各种复杂因素的影响，返迁率高达30%以上，效果并不理想。

陕西省三门峡库区移民返迁是一个最典型的例子。1956年下半年将该库区的近20万人迁出，分别安置于宁夏及陕西大荔、蒲城、澄城、白水、潼关、华阴、渭南等地。其中远迁宁夏的3万多移民，因三年自然灾害，生活极度困难，经国务院批准，于1961年返迁回陕西，安置于临潼、阎良、富平、合阳等县。其实，自1956年开始搬迁以后，移民直接返迁回库的活动就未间断过。移民几乎年年闹返库。1985年返库人数甚至多达八千多人，还发生了大面积抢种土地等事件，造成库区社会秩序的混乱。究其根本原因，在于远迁安置区的生产和生活条件太差，移民生活困难。例如有20多万移民安置的渭北旱塬地区，是沟壑纵横、原高水缺、土地瘠薄、十年九旱的地方，使相当多的移民温饱问题长期得不到解决，甚至人畜饮水也是问题。直到80年代前期渭北旱塬安置的移民人均口粮还不足300斤，甚至200斤上下，绝大部分移民靠吃返销粮和借贷生活。这种状况与50年代的生活水平相对比差距甚大。据调查，移民前该区人均生产小麦已达400多斤，较陕西全省人均229斤高出178斤；人均生产棉花34斤，较全省人均9斤高出25斤；一个劳动日平均价值一元三角多，最高可达一元六角。库区移民生活由富裕变贫困的现实直接诱发了返迁的欲望和行动。这不仅给各级政府和有关职能部门增添了大量协调动员工作，而且也给国家和移民个人带来了很大经济损失，给社会造成了不安定因素。至1985年中央在调查研究的基础上，国家决定拿出1.2亿元经费，用于安置其中生产和生活很困难的15万移民返迁回库定居，重建家园。远距离迁徙15万移民返回库区，并为之创造一个基本的生存环境，无疑是一个空前的社会系统工程，困难重重。直至90年代初，返迁移民还严重存在生产和生活条件较差、经济落后的问题，甚至还有5万特困移民无力返回库区，仍留在渭北旱塬地区，在贫困线以下生活。

山东东平湖水库始建于1958年，是确保山东段黄河安全度汛的重要工程措施之一，1963年改为滞洪区。水库初建，共移民57405户，278332人，其中安置东北三省约11万人，安置本省垦利区及当地者15.6万人。随着湖区职能的改变，移民开始返库，至1966年2月返库移民人数已达4.4万人。为制止移民盲目回流，国务院还于1964年发出了要求各移民安置省区应设法将移民巩固在当地的文件，然收效不大。1966年，山东省本着实事求是的精神，将上述返迁的4.4万移民安置在了东平湖区；至1985年底，库区移民总数已增加到27.12万人，1991年初更增加到28.34万人。

值得注意的是，东平湖区的移民经自行返迁又被强制返回的往返折腾，生产和生活基础更薄弱、问题更复杂。河南三门峡库区远迁甘肃敦煌的七千多移民在经过遣返与返迁之后，亦变得甚为困难。

从上面例子来看，因社会、经济原因及移民对迁入区环境的不适应导致了大量移民的返迁回流，不仅干扰了各级政府的正常工作，而且给库区社会造成了不稳定因素，同时更给库区远迁移民本身带来极大的精神压力和生活负担，造成了严重的生活困难，甚至影响了党群、干群关系，代价是很大的。

除远迁库区移民大量返迁的情形之外，还存在远迁的库区移民因人均耕地少，生产条件差，长期不得脱贫的问题。以丹江口水库移民为例，当年批准移民38.2万人，居世界首位；实际迁移安置35万人，其中远迁库区以外安置的移民达16万人，分布在鄂、豫两省的18个县市，其中接受万人至5万人移民的重点县有5个。因丹江口库区移民完成于“十年动乱”中，当时把迁移安置作为政治任务完成，根本不考虑各县市的安置容量，也缺乏协调安置区社会关系的有力措施，以致在远迁库区移民的安置区一度发生新老住户之间的武斗，加重了移民故土难离的思想，直接造成成千上万的库区移民返迁，因而又增加了后靠安置的人口。就在丹江口水库移民安置的二十余年间，仅安置经费就经过了五次核定，七次追加，总计达3.2亿元，耗资甚巨。

在上述丹江口库区移民安置的五个重点县市中，湖北省钟祥市安置9410户，43236人。当时，由于这些移民多次搬迁和多年游荡，大部分移民非常贫困，安置于柴湖地区靠围湖造田重建家园，生产和生活条件差，人均耕地少，导致移民长期处于贫困境地。至90年代初，这里的移民由于人均耕地少，无发展余地，还存在外迁安置的可能性。河南省邓州市安置2396户，10773人，分别安插在地广人稀、地瘠民贫的10个偏僻乡镇，或建移民点，或编组插队，在相当长一段时间内移民生活相当贫困，甚至出现了“上访告状多，外出流浪多，返迁回流多”的“三多”现象，使当地社会生活出现了某种混乱状态。

总之，库区移民的远距离迁移曾带来了种种社会、经济及相关问题，没有或基本没有收到移民之初的预想结果。

（2）鼓励投亲靠友，分散迁移库区人口。这是在大中型水库修建及库区人口迁移安置过程中各级政府鼓励实施的措施。库区移民的亲友主要分散于水库所在的周边县市，部分分散于边远地区各省区，绝大多数属于农业人口。如丹江口水库安置到钟祥市的4万多移民中，就有一部分属投亲靠友者，均被安置到该县柴湖地区围垦。而山东东平湖水库移民自行投亲靠友、散居外省市者多达1万余人，占全部库区移民的4.8%。库区移民投亲靠友，在当时体制情况下问题和矛盾并不突出。但是随着新时期农村实行生产经营承包责任制后，居住若干年的库区移民因需要最基本的生产资料耕地，直接导致并发生了新老住户之间关于生产资料和经济利益的矛盾，为此也曾造成了投亲靠友的库区移民的返迁回流，形成一定范围和一定规模的社会问题。实践证明，在农业经济形式下的土地问题及宗族问题常常会导致库区移民与当地农民间的矛盾冲突，问题棘手。因此这种移民措施对库区来讲曾产生了一定作用，但也存在着不少社会经济问题。

（3）库区人口的后靠迁移。这是水库区人口迁移的主体形式。调查表明，除个别水库区外，绝大部分水库区移民以后靠迁移为主。例如，在丹江口水库实际迁移安置的库区人口 35 万人中，就近后靠安置 19.4 万人，占 55.4%；陆水水库移民 21624 人，就地后靠 13097 人，占 60.5%；葛洲坝工程迁移库区人口 18977 人，其中就地后靠 17514 人，占 92.3%；山东 168 座大中型水库共计移民 120 万人，其中后靠迁移人口则在 80% 以上；原烟台市 26 座大中型水库移民共 94942 人，其中后靠人口占 96.7%。库区人口的后靠迁移形式在某种程度上简化了移民工程实施部门的工作环节，减轻了工作强度，也照顾了水库区人口安土重迁的传统习惯，但大量超载人口高度集中于水库周边耕地紧缺、资源贫乏、交通闭塞的山地及丘陵坡地上，人均耕地大幅度减少（表 6.1），直接给库区资源环境及经济社会发展带来更为沉重的压力。

表 6.1　库区移民及耕地淹占情况举例

库名	移民（万人）	淹占耕地（亩）	人均淹占（亩）	剩余耕地（亩）	人均剩余（亩）
丹江口	35	429000	1.2		0.6
岩滩	9	77621	0.86	34940	0.4
官厅	3.9	150000	3.8		
三门峡河南区	7.2	135000	1.9		
西津、麻石	6.8	173120	2.5		
大化	5.1			24280	0.47

资料来源：各地库区有关报告调查

山东167座大中型水库区移民人均剩余耕地仅1.21亩（表6.2）。其中人均0.5亩以下的有181583人，人均0.2亩以下的有14244人。

库区人口后靠迁移的后果，首先是加剧了库区人多地少的矛盾，兼库区单一农业经济形式的制约，导致库区盲目垦荒、砍伐林木、破坏植被，生态环境日渐恶化；其次是随生产与生活条件的破坏，生活水平明显下降。以岳城水库安阳库区为例，据建库前的1955年至1957年三年统计，人均占有耕地3.1亩，人均收入193.6元，人均粮食582斤，每年向国家交售公余粮达60余万斤，棉花30余万斤。1958年建库后，人均占有耕地至1985年减少到0.7亩，人均收入不足百元，整个库区处于生产停滞、生活贫困的境地。

表6.2 山东各地市大中型水库迁移人口及淹占耕地统计（各项人均单位为亩）

地市	水库数	迁移人口（人）	原人均耕地	淹占耕地（万亩）	人均淹占	人均剩余	所占比重（%）
济南	9	19621	1.64	1.45	0.74	0.9	54.9
青岛	20	72959	3.7	16.04	2.2	1.5	40.5
淄博	5	21422	2.27	1.95	0.91	1.36	60
烟台	25	88756	3.46	13.12	1.48	1.98	57.2
泰安	16	67214	2.59	9.3	1.38	1.21	46.7
潍坊	22	150812	3.38	37.09	2.46	0.92	27.2
威海	13	36389	3.89	7.24	1.99	1.9	48.8
日照	12	114360	2.19	12.85	1.12	1.07	48.9
临沂	36	188744	2.76	31.84	1.69	1.07	38.8
枣庄	4	19275	3.31	5.48	2.84	0.47	14.2
济宁	5	37544	2.1	4.49	1.2	0.9	42.9
合计	167*	817096**	2.93	140.85	1.72	1.21	41.3

* 不包括菏泽太行堤；** 不包括远迁及省内迁移人口，只含后靠移民

资料来源：山东省库区移民基本情况及社会调查资料

随着库区人口的增加，库区人均耕地一般呈减少趋势，这里仍以山东水库区情形说明之（表 6.3）。济南、青岛、烟台三市库区人均耕地略有增加，一方面与库区荒坡地垦殖有关，另一方面则与库区人口非农化转移有关。

表 6.3　山东各地市大中型水库区人口及人均耕地的演变

地市	水库数	原有人口（人）	各时期人口数（人）		各时期人均耕地（亩 / 人）		
			1987	1991	剩余耕地	1987	1991
济南	9	19621	22680	22921	0.9	0.79	0.82
青岛	20	72959	94909	99349	1.5	1.16	1.19
淄博	5	21422	51004	42949	1.36	0.58	0.55
烟台	25	88756	136443	134808	1.98	1.29	1.3
泰安	16	67214	143769	159203	1.21	0.68	0.65
潍坊	22	150812	194807	239114	0.92	1.03	0.92
威海	13	36389	51774	60669	1.9	1.33	1.21
日照	12	114360	122837	133210	1.07	0.9	0.81
临沂	36	188744	271612	307849	1.07	0.8	0.77
枣庄	4	19275	23376	25441	0.47	0.45	0.43
济宁	5	37544	50855	54291	0.9	0.66	0.64
合计	167	817096	1164066	1279804	1.21	0.92	0.87

资料来源：山东省库区移民基本情况及社会调查资料

因人多地少，且耕地贫瘠，兼单一农业经营方式，绝大多数库区自水库建成之后人均各项收入均明显低于各水库所在县市的平均水平（表 6.4）。80 年代中期以来，各级政府及主管部门投入了大量财力和物力，用于改善库区的生产条件和生活水平，至 90 年代初库区各项人均收入有所提高，但相当一部分库区与所在县市的平均水平的差距却有加大的

表 6.4　1987 年山东各地市大中型水库区与所在地市经济收入之比较

地市	水库数	各地市基本人均①			水库区各项人均②			②/①（%）			库区总人口数③	人均收入200元以下人数④	④/③（%）
		收入（元）	口粮（千克）	耕地（亩）	收入（元）	口粮（千克）	耕地（亩）	收入	口粮	耕地			
烟台	25	763.78	498	1.53	498	220	1.29	65.2	44.2	84.3	136443		
威海	13	885.47	527	1.5	642	286	1.33	72.5	54.3	88.7	51774		
青岛	20	820.32	574	1.64	576	257	1.16	70.2	44.8	70.7	94909		
潍坊	30	653.37	598	1.59	324	215	1.03	49.6	36	64.8	238744	8083	3.4
淄博	3	830.96	523	1.13	541	134	0.55	65.1	25.6	48.7	28523		
济南	9	704.89	468	1.27	585	251	0.79	83	53.6	62.2	22680		
泰安	19	555.91	467	1.16	329	181	0.7	59.2	38.8	60.3	173801	21584	12.4
济宁	5	546.04	467	1.35	198	109	0.66	36.3	23.3	48.9	50855	25493	50.1
枣庄	5	586.35	479	1.15	143	115	0.45	24.4	24	39.1	26350	23719	90
临沂	44	520.89	424	1.2	279	203	0.79	53.6	47.9	65.8	377993	122292	32.4
合计*	173**	604.04	478	1.53	365	205	0.92	60.4	42.5	60.1	1202072	251420	20.9

* 地市按当时区划；** 包括尚未验收之大关、仁河、彩山、胜利、贤村、石咀子六库，不包括菏泽太行堤

资料来源：山东省基本情况调查，《山东统计年鉴》1988 年

趋势（表 6.5）。这种状况不仅与政府的大量投入不相称，而且也不利于库区的后续发展。

反思十余年来各级政府为改善库区生产条件，提高库区贫困人口的生活水平所付出的巨大代价和努力，总结历史的经验与值得汲取的教训，不难发现种种努力的效益并不明显。在库区进行的社会调查表明，这一方面由于数十年来对库区各方面建设的欠账太多，积累的问题太大；另一方面则是由于人地关系的矛盾太尖锐。这首先是库区人均耕地太少，资源环境严重超负荷运转；其次是库区水利设施不配套、交通条件闭塞、医疗教育落后、生产资金短缺，管理人才缺乏等。投入多收效少是必然的，而且将是长期的。

因此，库区人口后靠迁移所带来并造成的一系列问题已不是用一般性扶贫或开发性扶贫可以解决的难题。其症结就在于人口后靠迁移所直接形成的人地关系尖锐矛盾。而且这是一个带有普遍性的矛盾，必须就此采取扭转措施，才能根本解决问题。

（4）库区人口的非农化转移。实行某些导向性政策，鼓励库区下游的企事业单位招收和消化来自库区过剩的人力资源。因以这种方式迁移和安置的库区人口是以企事业单位招工和聘干形式实现的，所以这部分人口的工作岗位、切身利益以及他们与周围人群的社会关系一开始即获得了妥善解决，社会效果良好。只是由于长期对库区建设和发展的忽视，政策不配套，决策不够得力，加以库区人口的文化程度和教育水平低等因素，使库区人口的非农化转移进展慢、数量少，安置的库区人口仅占移民的 3% 左右，比重太小。例如山东省烟台市门楼水库共迁移库区人口 23610 人，其中后靠迁移 22725 人，省外安置 85 人，非农化转移 800 人。农转非人口仅占库区移民总数的 3.4%。因农转非人口少，并未明显减轻库区人地关系的尖锐矛盾造成的问题和压力。库区 34 个库区村有 30 个村吃水无保障，人均剩余耕地 0.42 亩。截至 80 年代末人均口粮仅 400 斤左右，有的甚至不足 200 斤；人均收入 460 多元，大大低

表 6.5　1991 年山东各地市大中型水库区与所在地市经济收入之比较

地市*	水库数	各地市基本人均①			水库区各项人均②			②/①（%）			库区总人口数③	人均收入300元以下人数④	④/③（%）
		收入（元）	口粮（千克）	耕地（亩）	收入（元）	口粮（千克）	耕地（亩）	收入	口粮	耕地			
潍坊	32	1447.04	721	1.58	447	226	0.92	30.9	31.3	58.2	299166	101227	33.8
淄博	5	1345.69	658	1.28	464	150	0.55	34.5	22.8	43	42949	4833	11.3
济南	9	1207.47	630	1.57	781	319	0.82	64.7	50.6	52.2	22921	1116	4.9
泰安	21	1095.4	512	1.16	450	180	0.65	41.1	35.2	56	181534	67910	37.4
济宁	5	1112.66	613	1.32	281	168	0.64	25.2	27.4	48.5	54291	33960	62.6
枣庄	5	1112.92	609	1.17	286	125	0.43	25.7	20.5	36.7	27259	13207	48.4
临沂	34	945.93	453	1.18	359	249	0.77	38	55	65.2	307849	137226	44.6
日照	3	1320.92	522	1.13	559	384	0.84	42.3	73.5	74.3	28150	0	0
菏泽	1	978.92	460	1.48	411	240	1.32	42	52.2	89.2	126700	44100	34.8
合计	115	1108.84	569	1.48	417	225	0.84	37.6	39.5	56.8	1090819	403579	37

* 按 1991 年山东行政区划；临沂地区不包括莒南、沂南二县；水库数包括建成但未验收的 10 座水库；缺烟台、威海、青岛三市资料

资料来源：1991 年山东水库区移民生产生活统计，《山东统计年鉴》（1992）及社会调查资料

于所在福山区的平均水平。由于贫困，库区姑娘外嫁，使大龄男青年未婚者不断增加。据1989年统计，该库区34个村26—35周岁未婚男青年达359人，平均每村10个光棍；同时32个村负债达300余万元。库区贫困已到了非解决不可的地步。

1986年之后烟台持续干旱，尤其1989年遭遇了历史上罕见的特大旱灾。市区年降水量下降到419.6毫米，较多年平均降水量减少271.9毫米。城乡水资源全面紧张，导致全市农业大幅度减产；城市供水危机，日供水量由正常的15万—16万吨下降到7万—8万吨，市区部分工业企业被迫停产、限产，使工业生产严重滑坡；110多个宾馆、招待所、旅馆被迫关闭；全部建筑工地和园林绿地用水只能靠汽车运送，因此使财政收入锐减。至1989年冬季，市域降水稀少，水位下降明显，市区四个水厂截至1990年元月底较上年同期平均下降5米。市区生产和生活受到严重威胁。80年代后期连续数年的缺水，已成为困扰市区经济发展和影响群众生活的大问题。因而形成缓解芝罘区、福山区及开发区城乡水资源供求矛盾的社会共识，并提出了门楼水库增容、扩大蓄水能力的工程方案。实施这一方案，首先要解决两个问题：第一，搬迁31.88米以下的203户库区居民，使水库蓄水能力达到1.26亿立方米；第二，同时妥善解决严重存在的库区贫困。烟台市为实现门楼水库增容和库区脱贫的双重目标，制定了十项原则和扶贫政策。其中除库区移民就近就地安置，及水库增容和库区脱贫、下游三区合理负担等原则之外，提出了库区劳动力的安排问题，即“凡是年满16周岁至25周岁的未婚青年，及26周岁至35周岁的大龄未婚男性青年，要纳入市、区和乡镇企业招工计划，凡是符合条件的，逐步安排就业”。根据这一原则，烟台市和福山区劳动部门深入库区34个村庄，详细调查了库区7917户的劳动力状况，摸清了库区劳动力的年龄结构、文化程度、婚姻状况、技艺特长等基本情况，推行了国家招工、集体安置与自谋职业相结合，多渠道安置库区富余劳动力的政策；同时决定全面核查市区所属单位使用的临时工，清退20%，将腾出的岗位优先安排库区劳动力。1990年共清退农村临时工2677人，为统筹安排库区劳动力创造条件。至1993年初，三年共安置库区劳动力4410人，超额完成安置3800人计划的16%，占库区总人口的19.4%。

与此同时，烟台市针对水库增容、库区受损、下游兴利的实际情况，安排市、区35个扶贫单位与34个库区村结成对子，明确目标，落实责任，经过三年努力，为库区扶贫投入2451万元，使库区脱贫取得了可喜的成果。经综合验收，库区34个村庄已有32个实现三年脱贫目标，其中15个村庄提前一年脱贫。自1989年至1992年三年中，库区农村经济总收入由5020万元增加到了10920万元，增长了117.5%；人均收入由465元增加到921元，增长了97.6%；人均集体积累由74元增加到227元，增长了206.8%。

因此，从总体上来看，烟台市在推进库区劳动力实现非农化转移的同时，推动库区脱贫也取得了显著成绩，值得重视；而且为其他库区移民实行非农化转移、带动库区脱贫提供了思路，积累了经验。

综上所述，库区移民的四种方式或称类型为我们在比较基础上探讨库区移民安置的最佳方案提供了基本思路。从库区移民的四种迁移方式、迁移规模及其产生的社会经济效果来看，以后靠迁移及远迁和投亲靠友而返迁水库区的人口所面临的资源、环境及社会经济问题最突出、最严重。调查结果表明，在人地关系的矛盾冲突异常尖锐的库区，人均收入和人均占有粮食等均普遍低于或明显低于所在县市的平均水平，而且还有相当一部分大中型水库区的村庄目前还面临着人口增长、耕地减少、资源枯竭、环境恶化、生活贫困的局面。例如位于鲁中山地，属于济宁市的贺庄、龙湾套、华村三个中型水库区的20604人，截至1992年底人均耕地仅0.49亩，人均收入仅224.62元，人均口粮仅104千克。这些数据不仅客观地反映了某些库区人口、资源、环境与经济社会发展矛盾冲突的尖锐程度及其根源——库区众多移民被密集地安置于水库周边狭隘区域所造成的土地严重超负荷运转——这种状况不改变，国家高投入而库区低产出的运作方式将延续相当长的时期；这些数据还客观地揭示了库区超载人口向下游受益区实行非农化转移的客观必要性和历史必然性。这是改变库区人地关系尖锐矛盾的有效途径，烟台门楼水库区人口非农化转移的实践已提供了有益的经验，不容忽视。

总之，在以经济与技术手段帮助库区脱贫的同时，加大库区移民向受益地区非农化转移的力度和规模，缓解库区尖锐的人地关系矛盾无疑是从根本上加速改变库区贫困状况，尽快实现中央扶贫攻坚目标，使库区尽早与全社会共享富裕生活的根本途径，也是改革库区移民方式，加快中国改革开放程度的迫切要求。

3. 库区人口非农化转移的理论依据及其战略措施

《中华人民共和国水法》（1988）第十三条明确规定："开发利用水资源，应当服从防洪的总体安排，实行兴利与除害相结合的原则，兼顾上下游、左右岸和地区之间的利益，充分发挥水资源的综合效益。"

理解这一条款的内容，包含三层意思：一是开发利用水资源，首先应当服从防洪的总体安排，把社会效益放在首位；二是开发利用水资源，应该实行兴利与除害相结合的原则，重视经济效益，将二者有机结合；三是开发利用水资源，必须兼顾上下游、左右岸和地区之间的利益，即坚持利益共享；其最终目的在于充分发挥水资源的综合效益。

作为重要水利设施的水库，要达到发挥防洪、防涝、灌溉、发电、航运、水产、旅游、供排水、竹木流放、用水、防治水土流失等多方面综合效益的目的，必须从如上所述三方面努力。事实上，除开发利用水资源，必须兼顾上下游、左右岸和地区之间的利益共享之外，均已得到落实。而兼顾上下游、左右岸和地区间利益却是极其困难的。其主要原因在于水库设施的兴建往往使库区受到极大损害，而受益者一般集中或相对集中于下游地区，这种损失和受益的异域性恰恰是库区贫困的根源，也是受益区不甚了解甚至不了解库区贫困而未能主动承担利益补偿的根源。库区经济损失的全部或大部由国家财政来赔偿，这显然不符合《水法》精神，也给国家财政带来负担和困难。另外，库区文化落后、人才缺乏又直接导致国家高投入与库区低产出的矛盾，明显制约了投入效益。因此，单靠国家财政补偿来兼顾上下游利益分配显然带有很大局限性，有必要以改革精神尽快改变这种状况。

库区移民四种方式的具体实践及其社会效果的比较分析也已表明，水库下游受益区按照《水法》精神吸收与消化一部分库区人口和劳动力到受益区企事业单位，加快库区富余劳动力的非农化转移，以减轻国家财政经济负担和库区人口压力、缓解人地关系矛盾是合理可行的；同时保障库区走上良性发展及水库设施的持续利用，这无疑也有利于下游的长期安全与长远发展，符合受益区长远利益。

总之，《水法》精神不仅是将库区移民向下游地区实行非农化转移的理论依据，也是这一实践的法律准绳。因此新时期以改革精神努力开展并实施库区移民向下游受益地区的非农化转移，不仅是库区脱贫的重要决策，而且是保障库区与下游受益地区协调持续发展和久远安全的举措。

为实施这一重要决策，根据在库区调查中所得有关认识，提出若干战略构想和工作步骤：

（1）成立各级权力职能机构实施库区移民、建设和发展。20世纪50年代以来从中央到地方均成立了水库移民办公室，但隶属关系不稳定；主要是作为水利部门的协调办事机构，在库区移民的安置问题上虽然花费了大气力，却事倍功半，问题不少。总结历史的经验和社会调查反映，建议将移民办建成中央由副总理、在存在库区移民工程的省市区县则由相应副职领衔的权力职能机构，负责新时期水库区移民的协调安置及库区的建设与发展，其行政地位除领衔者外享受与各级政府职能部门同等待遇。这一机构在理顺关系，完成使命之后即可撤销。在基层，则必须打破同一水库区分属于不同政区的行政分割现象，以便实行水库区的一体化管理。在我国，大中型水库分属于不同县市的现象不少，这虽系历史原因造成的，但不利于水库区的管理、规划和建设，库区群众对此颇有意见，行政与职能部门的管理也存在各种障碍，弊病较多。因此实行同一库区一体化管理已势在必行。各级权力职能机构（或即称移民办）的成立将为实施库区移民、库区建设与发展，为库区一体化管理提供有力的组织保障。

（2）确定库区人口承载力和下游受益地区企事业单位接纳与安置库区人口的潜在力。各级权力职能机构成立后，即开始组织社会学、地理学、经济学等相关学科和水利工程部门的专家学者对各自不同的库区及其所在流域的受益区进行深入系统、全面综合的调查研究，摸清各类库区人口、资源、环境及社会经济现状，确定各库区资源与环境的人口承载力及超载人口数量，以及水库所在流域下游受益区城市企业和事业单位接纳库区人口的潜在能力，为库区富余劳动力及其所属人口向下游受益区非农化转移做好充分的准备。

这一人口迁移实践，一方面将人多地少、贫穷落后、人地关系矛盾尖锐的库区人口迁入下游资源环境较为优越的地区，实现生产力诸要素的合理组合，必将带来下游地区巨大的经济、社会及环境效益。同时，库区贫困人口在向下游地区的迁移中实现新的人群组合，有利于推进移民素质的提高。另一方面，随着部分库区人口的迁出，使未迁出的库区人口人均资源的占有相应增加，使库区人口、资源和生态环境之间的相互关系得到某种协调，从而缓解了人地关系之间的尖锐矛盾，使库区人口、资源和环境系统在新的有序状态之下，有效地发挥自我调节和自我组织功能，实现库区人口的合理再分布。山东烟台的实践表明，这样操作的结果，不仅能使迁入下游受益区的贫困库区人口早日脱贫致富，而且还为部分人口迁出后留下的库区贫困人口提供了脱贫致富的资源与环境基础。总之，库区移民过程产生了两个方面的社会效果，库区人口的非农化转移必将极大地推动水库所在流域的整体协调发展及库区贫困的最终消除。

但在库区调查中发现，绝大多数库区因经济社会原因及教育设施和教师缺少，青壮年人口文化水平普遍较低，很难胜任拥有一定文化水准要求的较高层次工作。这一方面直接导致主管部门在库区投资办企业因管理水平和技术能力低下大部分不能正常运作甚至倒闭停产；另一方面则又给库区富余劳动力向下游受益区非农化转移造成较大困难。尽管如此，在水库下游地区大中小城市及城镇的企事业单位以及铁路矿山和交通建筑部门总是存在着体力、重体力、低技术的工种和岗位，可供那些来自库区的青壮年选择职业。事实上，这些工种和岗位很多就是由来自附近或周围地区的农民以临时工身份担当的。烟台市为安置门楼水库区劳动力就曾压缩此类农民临时工 2600 余名，为在库区招工提供了更多岗位。这些岗位优先库区劳动力完全是合理的。况且水库下游大中小城市中的园林、清洁、建筑、交通运输及铁路和矿山目前确实还需要一批体力劳动者。关键是要进行深入细致的调查了解和规划编制，解决好思想问题，树立起合作态度，为贫困的库区人口解决实实在在的困难。当然，这项工作的复杂性和高难度不容低估。但只要思想解放、态度合作、目前利益与长远发展关系摆正，操作起来肯定比几十年来政府和水利部门所付出的巨大努力及艰苦实践容易奏效。

总之，无论从理论上还是从实践上，根据兼顾上下游利益分配的原则，积极推进库区富余劳动力及其所属人口向下游受益区城镇企事业单位的非农化转移均是可行的。而前述库区人口农业迁移的各类实践也已经证明并将继续证明，唯有库区人口的非农化转移，是现阶段不存在任何土地所有权纠纷，也不存在远距离迁移潜在的经济社会和环境适应问题，又可以直接缓解库区人地关系尖锐矛盾的最佳选择和理想方案。为此，需制定鼓励库区所在流域下游受益区城镇和企事业单位吸引与接纳上游库区人口的具体导向性政策与措施；还可在具备条件的受益区优先试点，积累经验，逐步推广。同时加强库区教育投资和智力开发，不断提高库区人口的教育水平和文化素养，为实现库区超载人口向下游的非农化转移做好准备，以便使更多的库区富余人口顺利地被吸收、消化进下游受益区城镇、企事业单位中去，使其从事各自力所能及的工作。

如在山东境内，可选取泗水流域作为优先试点。泗水下游迅速兴起的兖州、邹城、济宁煤矿及拟建中的鲁南钢铁联合企业完全有条件吸收来自上游各大中型水库区拥有一定文化程度的劳动力从事适合他们的职业。同时为他们的家属随迁积极创造必要的条件。只要经过一代人的努力，库区移民即会逐渐地融入下游受益区的社会群体中，库区问题就会较快得到解决，进而为中央扶贫攻坚战略目标的实现做出切实的贡献。

（3）控制库区生育规模，打破库区单一农业经济的传统形式。

坚持计划生育，努力控制并减少库区人口的超计划生育是一个带有普遍性的课题。调查结果表明，凡贫困库区一般都带有贫困区人口生育的特点。这一方面是由于库区交通闭塞，计划生育的管理较为薄弱；另一方面则是由于库区教育落后，人口文化水平低，对国家计划生育政策的宣传不力，存在攀比生育现象等。因此，导致多数库区人口增长率远高于当地平均水平，如湖北钟祥市 1968 年接受安置的丹江口库区 43236 人移民至 1988 年增加到 66000 余人，增长率达 20.3‰；湖北省陆水水库区移民则自 1960 年前后的 21624 人增加到 1988 年的 32744 人，平均增长率达 14.9‰等。库区人口的超计划生育必然不断加剧库区人地关系的矛盾，这应该引起库区所在县市的高度注意。

传统单一农业经济形式是加剧库区土地开发、资源破坏和环境退化，进而导致库区人口、资源、环境与经济社会发展之间矛盾冲突恶性循环的根本原因。因此在推行库区富余劳动力及其所属人口非农化转移，并努力控制库区人口超计划生育的同时，打破水库区单一农业经济形式，进行全面规划，坚持综合治理和扶贫开发，增加投入，启动林、牧、渔及相关企业多种经营和综合发展，以重建库区社区亦势在必行。

（4）实施上述政策措施，应从实际出发，先易后难，搞好试点，先调查研究后规划治理，循序推进，全面展开，最终实现水库区人口、资源、环境与经济社会协调持续发展。届时，星罗棋布的库区必将以崭新的面貌出现在中国大地上。

参考文献：

［1］韩光辉．可持续发展的历史地理学思考［J］．北京大学学报（哲社版），1994（3）：43-49.

［2］中华人民共和国水法［N］．人民日报，1988-01-23.

（二）我国水库区移民方式及其启示

库区移民即广义的库区人力资源迁移，是水库兴筑伴生的社会现象，对于大中型水库区来讲，带有普遍性。新中国为发展水利事业先后修筑大中型水库达2800余座。大中型水库因大面积淹占土地，普遍存在人口迁移或称移民工程。据20世纪80年代初统计，全国仅321座大型水库就淹没耕地约580667公顷，迁移人口448万余人，若加上中型水库迁移人口总计在千万上下。因此，关于移民方式、移民效果及其产生的启示作用和借鉴价值均是值得认真探讨的问题。

可惜的是，在“重工程轻移民”的年代，水库工程设计与施工资料均较齐备，而移民工程却缺乏系统具体的资料，因而使对库区移民方式的调研遇到了很大困难。但通过对典型库区的调研和考察，可知库区人口的迁移大体有四种方式，并且产生了不同效果，获得了某些有益的启示。

1. 库区人口的远距离迁移及其效果

远距离迁移是指将移民任务重的特大型水库区的一部分人口迁往县外，包括外省区异地安置。尽管政府采取了种种鼓励远迁和妥善安置移民的政策和措施，但移民受“安土重迁”思想及移入区经济社会与环境条件等复杂因素的制约，返迁率高达30%以上，效果并不理想。

河北省潘家口、大黑汀两库库区涉及承德与唐山两市所辖的兴隆、宽城、承德和迁西四县，移民共计59197人。其中80年代初远迁乐亭、唐海、平泉、大洼四县（市）9864人，因多种原因，截至1995年返迁库区已达到2180人，返迁时间长的已达15年。尤其是安置在平泉市的2166名库区移民，不仅因迁入区自然条件差，而且还受到当地农民的歧视排挤，返迁库区已达1294人，占原迁移安置人口的60%。这些返迁移民一无住房，二无土地，三无山场，四无行政组织，导致与后靠移民争山场、抢耕地、乱砍滥伐，干扰了库区的生活秩序和社会安定。

类似的典型例证，还有陕西、河南三门峡水库、山东东平湖水库、湖北丹江口水库，都是值得注意的（详见第六部分内容）。

因社会、经济原因及移民对迁入安置区新环境的不适应导致的大量移民返迁回流，不仅干扰了各级政府的正常工作，而且也给库区社会造成了不安定因素，更给库区远迁移民带来了很大的精神创伤和生活负担，造成了严重的生活困难，甚至严重影响了党群和干群关系，代价是昂贵的。

远迁安置的库区移民除大量返迁情形之外，还存在因人均耕地少和生产条件差而导致脱贫困难的问题。以丹江口水库区移民为例，迁移安置35万人，其中远迁安置移民达16万人，分布在鄂、豫两省的18个县市。当时正值“十年动乱”，把移民安置作为政治任务，根本不考虑各县市的安置容量和环境条件，又缺乏协调安置区社会关系的得力措施，以致在移民安置区一度发生新老住户之间的武斗，更加重了库区移民故土难离的思想，直接导致库区移民的返迁，因而又增加了后靠安置的压力。就在丹江口水库移民安置的20余年间，仅安置经费就经过了五次核定，七次追加，总计达3.2亿元，耗资可谓甚巨。

总体上来看，库区移民的远距离异地农业安置，尽管国家投入甚大，但由于安置条件和环境容量的制约，带来了种种社会、经济及相关问题，没有或基本没有收到移民安置之初的预想效果，而且还带有普遍性。

2. 库区移民疏散安插县内农村并鼓励移民投亲靠友及其效果

这是在大中型水库修筑及库区人口迁移安置过程中各级政府积极推行的政策。就二者的移民安置性质而言，均属异地近距农业安置。河北省潘家口与大黑汀两库库区移民疏散安置于所在县内农村者达12272人，散迁县外农村者734人，共计13000余人，占该库区全部移民的26.4%；鼓励投亲靠友者454户，2010人，占库区移民总数的4.1%；二者合计达30.5%。而山东东平湖水库移民投亲靠友、分散迁移外省区者多达1万余人，占该库库区移民总数的4.8%。

疏散库区移民，鼓励库区移民投亲靠友，实行农业安置，在生产资料集体所有体制下利益纠纷与社会矛盾并不突出。但随着新时期农村生产经营承包责任制的实行，在接受库区移民较多的村庄，移民不同程度地挤占了当地的耕地等生产资料，降低了当地农民的收入，直接导致并发生了移民安置村新老住户之间经济利益与生产资料的矛盾，甚至发生过不让库区移民耕种的事件。凡此也曾导致这部分库区移民返迁回流，形成了一定规模与一定范围的社会问题。

移民实践表明，在农业经济形式下的土地及宗族问题常常会导致分散的农业安置移民与当地农民间的矛盾冲突，问题甚是棘手。因此，库区移民的疏散农业安置及鼓励投亲靠友措施对库区来讲虽曾产生过一定作用，但在人均耕地普遍减少的情况下，也还存在不少社会经济问题。

3. 库区移民后靠安置及其效果

这是库区移民安置的主体形式。调查结果表明，除少数库区外，绝大部分库区移民以后靠迁移为主。潘家口、大黑汀水库移民后靠安置26258万人，占移民总数的53.4%。丹江口水库移民后靠安置19.4万人，占移民总数的55.4%。湖北陆水水库移民21624人，就地后靠安置13097人，占60.5%。葛洲坝工程迁移人口18977人，就地后靠安置17514人，占92.3%。原烟台市26座大中型水库移民近95000人，后靠安置人口占96.7%。

库区移民的后靠安置形式在某种程度上简化了水库修筑之初移民工程实施部门的工作环节，减轻了移民工作的难度和强度，也照顾了库区移民安土重迁的传统习惯。但大量超载人口高度集中于水库周边耕地紧张、资源贫乏和交通闭塞的山地及丘陵坡地上，人均耕地大幅度减少。如丹江口水库淹占耕地28600公顷之后，后靠移民人均仅0.6亩，仅相当原人均占有耕地的1/3。广西岩滩水库淹占5200公顷耕地后，后靠移民人均占有耕地仅0.4亩。山东枣庄市4座大中型水库淹占耕地3666.7公顷，人均淹占2.8亩，而人均剩余耕地不足0.5亩。潘家口、大黑汀两库淹占耕地3866.7公顷，人均淹没耕地1.2亩，人均剩余耕地不足0.4亩；淹没山场5066.7公顷，人均淹占1.5亩，人均剩余已不足0.2亩。

库区移民后靠安置的结果，首先是加剧了库区人多地少的矛盾，兼受库区单一农业经济方式的制约，导致库区移民盲目垦荒、砍伐林木和破坏植被，生态环境不断恶化。其次是随着原有生产与生活条件的破坏及库区后靠移民人口的不断增加，库区人地关系的矛盾日趋尖锐，生活水平明显下降。以河南岳城水库安阳库区为例，据建库前的1955年至1957年三年统计，人均占有耕地3.1亩，人均年收入193.6元，人均口粮582斤，每年向国家交售公余粮60余万斤，棉花30余万斤。建库后，至1985年人均占有耕地减少到0.7亩，人均年收入不足百元。潘家口水库宽城库区移民搬迁前的1976年人均收入101.28元，是全县人均年收入57元的1.78倍。而搬迁之后移民收入出现大幅度下降。自1991年至1995年的五年中，所在宽城县人均年收入由296元逐年增长，至1995年已达到1294元，而移民的人均收入则从250元下降到1995年的197.5元。移民人均收入相当于所在县人均收入的15.3%。而移民自身自

1976年至1995年的经济收入相对下降了10余倍。这是库区移民人均年收入的平均值，那些贫困户，包括返迁库区的两千多户“三无户”经济生活状况就可想而知了。

事实上，库区移民生活水平低，人均收入较所在县市的差距逐年扩大具有普遍性。1987年山东173个大中型水库区人均收入为365元，仅相当于所在县市人均收入的60%；至1991年116个大中型水库区人均收入虽增加到417元，但仅相当于所在县市人均收入的37.6%。由此可见，水库区人均收入与所在县市人均收入的差距在不断扩大。这种状况不仅与政府为改善库区生产条件和生活水平而投入的大量的财力和物力不相称，而且也不利于库区的后续发展。

因此，库区移民的后靠安置所带来并造成的一系列问题是严峻的，其症结就在于库区移民后靠安置直接形成人地关系的尖锐矛盾。要解决这一带有普遍性的矛盾，真正解决库区贫困，必须采取根本性的扭转措施，否则不能奏效。

4. 库区人力资源的非农业化转移及其效果

由政府实行某些导向性政策，鼓励流域内企事业单位以招工、招干形式安置与消化库区过剩人力资源，属于库区移民的非农业安置形式。但长期以来，由于受库区移民农业安置指导思想的制约及对库区建设与发展的忽视，决策不得力，政策不配套，加以库区贫困导致的库区人力资源教育落后与文化水平低等因素，使库区人力资源的非农业安置进展慢、数量少，只占3%左右，比重太低。潘家口水库宽城库区移民招工320人，只占移民总数的1.7%；山东烟台门楼水库移民23610人，非农业安置800人，占3.4%。因库区移民非农业安置少，虽然较好地解决了非农业安置人员及其家庭的生计问题，但并未明显减轻库区人地关系尖锐矛盾造成的问题与压力。以门楼水库区为例，截至80年代末，人均耕地仅0.4亩，人均收入460多元，仅相当于所在福山区人均收入的1/3。

由于贫困而未婚的大龄男青年（26—35 周岁）达 359 人。为根治库区贫困，烟台市在加大各项扶贫和脱贫措施力度的同时，提出了库区人力资源的安排问题（见前）。

烟台市双管齐下解决库区移民贫困问题迅速获得了成效。到 1992 年库区人均收入已由 465 元增加到 921 元，明显缩短了库区移民与所在福山区人均收入的差距。同时由于非农业安置了大批青年劳动力，不仅减少了库区人力资源的大量浪费，而且可以通过婚姻家庭在城市的建立，控制库区人口的增殖，从长远看又起到了限制库区人口增长的作用。因此，积极推进水库区劳动力的非农化转移，不仅功在当代，而且利在未来，值得重视和肯定。同时，烟台的经验也为其他大中型水库区人力资源的非农业转移和带动库区脱贫与建设，提供了科学思路，积累了宝贵经验。

5. 库区人力资源迁移方式的比较分析及其启示

上述库区移民安置的四种方式或称四种类型及其产生的社会经济乃至资源环境效果，为在比较基础上探讨库区移民安置的最佳方案提供了基本素材和科学思路。从库区移民安置的四种方式、规模及其产生的社会经济效果来看，以后靠迁移及远迁、疏散安插含投亲靠友而返迁库区的农业安置移民所面临的资源、环境和社会经济问题最突出、最严重。不考虑库区移民工程主体——农民的根本利益是过去数十年中水利工程“重工程轻移民”思路的必然结局，因而造成了库区广大移民的生活乃至生存问题，也造成了今天值得全社会认真关注的库区社会经济发展及社会安定问题。库区移民较普遍存在的库区生产资料缺乏和生活贫困问题，使他们喊出了我们要求“有饭吃、有活干”的呼声，已震撼了党和国家及各级政府，国家下决心解决贫困人口，当然包括大多数库区移民的生计和发展问题，值得庆幸和欢迎。但库区移民问题的特殊性却亟待进一步加强调研和考察，掌握其规律性。

其特殊性首先在于库区移民为水利工程的建设付出了牺牲，做出了贡献；其次，库区移民的贫困是伴生现象，移民搬迁前后生活水平截然不同，反差太大；再次，库区移民人多地少生产资料贫乏将长期制约其经济社会的发展。这些特殊性理应成为国家和各级政府优先考虑和处理库区移民问题的根据和基础。数十年来，在解决库区移民及相关问题时又恰恰忽视了这些特殊性，一味强调不切实际的库区移民农业安置，尤其以后靠安置为主即其集中表现。强调后靠农业安置恰恰是库区移民长期贫困的根源，而不顾环境条件和经济基础的移民远迁和疏散安置造成的大量返迁，又进一步激化了库区人地关系的矛盾，加重了库区移民脱贫的难度。因此，如果真正要解决库区移民工程遗留问题，数十年来以农业安置为主体的传统思路必须要扭转，否则库区移民“有饭吃、有活干”的基本要求根本无法实现，最有说服力的当然还是库区调查结果。

除前述调查数据显示的问题之外，目前仍较为普遍地存在着库区移民人口增长、耕地减少、资源贫乏、环境恶化和生活水平较低的状况。例如，位于鲁中山地，属于济宁市的贺庄、龙湾套和华村三个中型水库区的 19647 人，截至 1997 年，人均耕地仅 0.49 亩，人均收入仅 698.65 元，人均口粮 139.5 千克，仅相当于所在县人均收入的 50% 和人均口粮的 40% 左右。这些数据不仅客观反映了某些库区人口、资源、环境与经济社会发展矛盾冲突的尖锐程度及其根源——库区众多移民被密集地安置在水库周边狭隘且贫瘠的区域所造成的土地严重超负荷运转。这种状况不改变，国家高投入而库区低产出的输血式运作方式将长期延续，它被生产资料的缺乏所左右，不以任何个人的意志为转移；而且这还客观地揭示了将库区超载的人力资源实行流域内非农化安置和转移，以缓解耕地严重不足，人地关系尖锐矛盾的客观必然性和时间紧迫性。这是改善库区人地关系尖锐矛盾、满足库区广大后靠移民“有饭吃、有活干”基本要求的有效途径，舍此无他良图。烟台门楼水库区移民实行非农化安置和转移的实践已提供了有益的经验。只是目前职工广泛下岗失业的困扰给实现库区移民非农化安置带来了思想上与实际上的严重障碍，但是适当地清退城市中来自非库区农村的临时用工，并着眼于下岗职工不屑一顾的行业进行安置，库区移民在流域内实行一定规模的非农化安置还是有可能的。

总之，在以经济与技术手段帮助库区移民解决生产与生活问题的同时，加大库区移民向流域内受益地区非农化安置的力度和规模，缓解库区尖锐的人地关系矛盾无疑是从根本上加快解决库区移民生计困难的步伐，全面实现中央扶贫攻坚战略目标，使广大库区移民尽早与全社会共享富裕生活的根本途径；同时也符合中央拓宽移民安置门路的思路。只是还需要做大量艰苦细致的调研与考察工作，一如烟台市的做法。

参考文献：

［1］韩光辉．实行非农化转移是库区移民工程的根本出路［J］．北京大学学报（哲社版），1997（1）：33-41.

［2］韩光辉．可持续发展的历史地理学思考［J］．北京大学学报（哲社版），1994（3）：43-49.

［3］韩光辉．论库区贫困与库区发展［J］．中国人口·资源与环境，1997（4）.

（三）论库区贫困与库区发展

——以山东大中型水库区为例

水库是利用天然河道及两岸山地人工筑坝蓄水而成的水域。因水库淹占河谷阶地农田和村镇聚落导致人口后靠，从而形成特殊的地域单元——水库区。水库区是水库水面与周边陆地的区域复合体。截止到20世纪80年代末，山东修筑验收的168座大中型水库共搬迁村镇1900余个，拆除房舍92万间，淹占耕地154万亩，库区后靠移民至1987年已增加到120万人。移民就地后靠直接导致水库区人地关系突发性尖锐矛盾，是库区贫困的直接根源，也就是所谓“水库移民遗留问题”。文中以山东大中型水库区为例，在调查研究的基础上，探讨了库区贫困的根源及库区脱贫的出路，并提出了库区发展的战略构想。库区贫困应该引起社会各界的足够重视，应该被当作中央扶贫攻坚战役的主战场之一对待。

1. 库区贫困的症结分析

库区贫困是水库兴筑的伴生现象已成为公认的事实。为较好地解决水库淹占导致的库区人地关系尖锐矛盾，在兴筑水库之初，各级政府在对库区实行经济补偿和物资扶持的同时，努力实施了组织部分库区人口远迁、鼓励投亲靠友，招工、招干、企业安置及就地后靠等四种移民方式，以压缩库区人口规模，取得了短期效益。其中以就地后靠方式为主，占移民总数的80%以上。所谓后靠是指水库淹占聚落的人口向水库周边边缘地区迁移的移民方式。后靠迁移虽照顾了库区移民顾恋乡土的观念，但大量人口集中在水库周边地区，直接加剧了库区人多地少的矛盾。据统计，山东大中型水库人均淹没耕地1.28亩，人均剩余耕地仅1.21亩，而且多系山岭薄地；其中人均占有耕地0.5亩以下的有181583人，人均0.2亩以下的有14244人。水库区普遍存在的人多地少矛盾兼库区单一农业经济形式的制约，导致库区盲目开荒、砍伐林木、破坏植被，以增加耕地，结果使生态环境日渐恶化。

随着库区人口的增加，水库区人均耕地一般呈减少趋势（表6.3）。济南、青岛与烟台三市水库区人均耕地略有增长，这一方面与库区垦殖荒坡地有关，另一方面则与库区人口非农化转移有关。

因人多地少，且耕地贫瘠，兼单一农业经济方式，绝大多数库区人均各项收入均明显低于各水库所在县市的平均水平。80年代中期以来，各级政府及主管部门投入了大量财力和物力，用于改善水库区的生产条件和生活水平，至90年代初库区各项人均收入虽有所提高，但相当一部分库区与所在县市平均水平的差距却有加大的趋势（表6.5）。这种状况不仅与政府的大量投入不相称，而且也不利于库区的脱贫和可持续发展。

反思数十年，尤其近十年来各级政府为改善库区生产条件和库区贫困人口的生活状况所付出的巨大代价和努力，总结历史的经验和值得吸取的教训不难发现，种种努力的效果并不理想。在水库区所做的社会调查表明，这一方面是由于数十年来对水库区各方面建设的欠账太多，积累的问题太大；另一方面，则是由于人地关系的矛盾太尖锐。这首先表现在水库区农业经济形式与人均耕地太少的尖锐矛盾，使水库区资源环境严重超负荷运转，形成了一个恶性循环的过程；加以库区本身水利设施不配套、交通不便、管理落后、教育萎缩、信息闭塞、资金短缺等，使投入多而收效少的矛盾成为必然，而且将是长期的。

上述调查结果表明，库区众多后靠移民被安置于水库周边狭隘区域所造成的土地严重超负荷运转，这种状况不改变，国家高投入而水库区低产出的经济运作方式将会延续相当长的时期；同时，这还深入揭示了库区超载人口向水库下游受益地区实行非农化转移的客观必要性与历史必然性。

社会调查结果还表明，在上述库区四种移民方式中，以实行某些导向性政策，鼓励水库下游受益地区企业事业单位吸收与消化来自库区的过剩人力资源，实行非农业安置，社会效果最好。只是由于长期以来建设与发展库区的政策不配套，政府部门决策不够得力，加之库区人口文化程度低等原因，使库区人口的非农业化转移进展慢、数量少，这部分人口仅占库区移民的3%左右，比重太小，未能明显减轻库区人地关系尖锐矛盾造成的压力。

实践证明，实施库区移民的非农化转移，减少库区人口是改变库区普遍存在的人地关系尖锐矛盾的有效途径。烟台门楼水库区人口非农化转移的实践也已提供了有益的经验。

2. 库区人口非农化转移的案例分析

烟台市福山区门楼水库区共34个库区村，有30个村因后靠迁移吃水无保障，人均剩余耕地仅有0.42亩。截止到80年代末，人均占有口粮仅400斤左右，有些村庄甚至不足200斤；人均收入460多元；两项指标均大大低于所在福山区的平均水平。由于贫困，库区姑娘外嫁，使库区34个村庄26—35周岁的未婚男青年至1989年增加到359人，平均每村有10个光棍，同时32个村负债达300余万元。库区贫困已达到非解决不可的地步。

1986年之后，烟台持续干旱，尤其1989年遭遇历史上罕见的特大旱灾。市域年降水量下降到419.6毫米，较多年平均降水量少272毫米，城乡水资源全面紧张，导致市域农业大幅度减产；城市供水危机，日供水由正常的15万—16万吨下降到7万—8万吨，市区部分工业企业被迫停产、限产；110多个宾馆、招待所、旅馆被迫关闭；园林绿地用水只能靠汽车运送。市区生产和生活受到严重威胁，形势异常严峻。因而，缓解芝罘与福山区及开发区城乡水资源供求矛盾很快形成社会共识，并确立了门楼水库扩大蓄水能力增容至1.26亿立方米和库区脱贫的双重目标，制定了十项工作原则和扶贫政策。其中包括库区劳动力的非农化转移与城镇安置问题，即“凡是年满16周岁至25周岁的未婚青年；及26周岁至35周岁的大龄未婚男性青年，要纳入市、区和乡镇企业招工计划，凡是符合条件的，逐步安排就业”。

烟台的经验表明，在以经济与技术手段帮助库区脱贫的同时，加大库区移民向下游受益地区非农化转移的力度和规模，缓解库区尖锐的人地关系矛盾无疑是从根本上加速改变库区贫困状况，尽快使库区人口与全社会共享富裕生活的根本途径，也是改革库区移民方式，尽早实现脱贫攻坚目标的迫切要求。

3. 库区人口非农化转移的理论依据及其战略构想

《中华人民共和国水法》（1988）第十三条的内容，实质上是概括了开发利用水资源的三个原则。其中兼顾水库上下游、左右岸和地区之间的利益共享原则落实最差，其主要原因在于水库设施的兴筑往往使库区受到极大损害，而受益者一般却集中或相对集中于下游地区；这种损失和受益的异域性恰恰是库区长期贫困的根源。因此，库区经济损失的全部或绝大部分由国家财政来赔偿，这不仅给国家财政带来巨大困难和压力，而且显然也不符合《水法》精神。事实上，由于库区经济落后、文化水平低、管理人才缺乏，使国家的大量投入未能获得预期产出效果，造成了资金和物力的极大浪费。数十年来的实践表明，单靠国家财政补偿来兼顾上下游利益分配显然带有很大的局限性，必须尽快地改变这种状况。

库区移民四种方式的实施情况及其社会效果的比较分析也已表明，水库下游受益地区按照《水法》精神吸收与消化库区剩余的人口和劳动力资源到下游企事业单位，以加快库区富余人口向下游地区的非农化转移，更多地由受益地区分担库区遗留问题，减轻国家财政经济负担和库区人口压力，缓和库区人地关系的尖锐矛盾，无疑是合理可行的。水库下游受益地区应从大局出发持积极合作的态度，尽最大努力，无条件地接受来自库区的劳动力资源甚至部分家属，以保障库区可持续发展及水库设施的永续利用，这自然也符合下游受益地区安全与发展的长远利益。

总之，《水法》精神不仅是库区移民向下游地区实行非农化转移的理论依据，也是这一实践的法律准绳。因此，新时期以改革精神努力开展并实施库区移民向下游受益地区的非农化转移，不仅是库区脱贫的重要决策，而且是保障库区与下游受益地区协调持续发展及水库永续利用与长期安全的举措。

为实施这一决策，并根据在库区调查中所得认识提出若干战略措施和工作步骤（详见第六部分内容）。

参考文献：

［1］韩光辉.可持续发展的历史地理学思考［J］.北京大学学报（哲社版），1994（3）：43-49.

［2］韩光辉.实行非农化转移是库区移民工程的根本出路［J］.北京大学学报（哲社版），1997（1）：33-41.

［3］黄秉维.三峡水库淹没区农业人口安置问题的几点意见［J］.中国水利，1993（5）.

［4］中华人民共和国水法［N］.人民日报，1988-01-23.

（四）开创水利移民扶贫新局面

水库下游受益地区应从大局出发，持积极合作的态度，尽最大努力，无条件地接受来自水库区的劳动力资源甚至部分家属，以保障库区可持续发展及水库设施的永续利用。

近年来中央提出了“精准扶贫”的概念，讲求六个精准：对象要精准、项目安排要精准、资金使用要精准、措施到位要精准、因村派人要精准、脱贫成效要精准。“精准扶贫”的重要思想最早是在2013年11月提出的，习近平到湖南湘西考察时首次做出了“实事求是、因地制宜、分类指导、精准扶贫”的重要指示。2014年1月，中央办公厅详细规制了精准扶贫工作模式的顶层设计，推动了“精准扶贫”思想落地。2014年3月，习近平参加两会代表团审议时强调，要实施精准扶贫，瞄准扶贫对象，进行重点扶助。

20世纪50年代以来，为发展灌溉农业，改善农业生产条件，增加粮食生产，保证人口大国的粮食供给；开发水力发电，增加能源，保证工农业乃至城乡生活用电；调度蓄泄，调控水资源枯丰状况及其季节分配，保障下游人民生命财产的安全，成为新中国大量修筑大中型水库及小型水库的基本动力。当时，兴筑水库伴生了库区移民长期贫困的现象。今天的“精准扶贫”自然把库区贫困列入了重要的扶贫对象。

以泗水县为例，县域有一个大型水库、两个中型水库，是典型的库区贫困县。近年来在上级的关心支持下，泗水县高度重视库区移民工作，多措并举，着力改善库区移民群众生产生活条件。2014 年 4 月被确定为大中型水库移民避险解困试点县，实施了二批避险解困项目，共争取上级投资 23690 万元，项目进展顺利，已取得了阶段性的成果。2016 年底，累计直接发放后期扶持资金 12530.95 万元，先后实施了八期移民结余资金项目投资 5968.2 万元。建设了一批群众最关心、收益最直接的道路、饮水、灌溉等民生项目。

通过库区移民项目实施，取得了值得注意的效果：

移民生产生活条件明显改善。后期扶持直补资金的发放，直接增加了移民的收入。项目的实施使安置区基础设施条件得以改善；口粮田建设、水利设施配套、基础设施建设极大改善了安置区移民的生产生活条件。移民产业持续较快发展。通过移民后期扶持项目的实施，种植业、养殖业、加工业等产业有了较快发展，移民增收致富途径不断拓宽，促进和提高了移民经济收入。移民致富技能进一步拓展。针对泗水县库区移民的实际情况，选择适合库区的农业结构和提高移民群众文化水平，注重劳动技能和职业技术学习，深受移民群众欢迎。经过培训后的移民，通过市、县移民部门的跟踪回访，移民培训项目受到广大移民群众的好评。移民生活水平显著提高。直补资金的发放直接帮助了移民的生产、生活，为移民提供了一份经济保障。后扶项目的实施使得移民的收入结构更合理，收入稳定增长，文化素质提高，生活质量提高。从投资资金数量和得到扶贫支持的人员来看，库区百姓的生活得到了极大改善，恐怕很少再有上述调查研究所发现的库区严重贫困的现象了。

库区环境和生活状况的改善，为库区水资源的涵养、为下游水资源的供给均提供了有利条件。表面上看，库区移民和库区水资源没有太大的关系，实际上库区人口素质对库区水源的涵养和库区环境的保护有着重要影响。希望社会各界重视库区百姓的生活和生产条件，改善他们的生活状况是值得长期注意的大事。

结　论

改善北京水资源状况，加大北京上游生态补偿力度，涵养流域水资源，保证水资源供给安全及可持续利用，是目前必须认真考虑的大问题。

近20年来严重缺水一直困扰着北京城市的发展和居民生活质量的提高，已引起社会各界的广泛关注。为缓解水资源供求矛盾，北京市政府与主管部门已采取了种种措施，在保障北京水源稳定供给方面已达到完善的地步。但多年来，北京真正大量依赖的一直是“应急水源”，即大量超采深层地下水。在南水北调中线实现之后，真正能供水北京10亿立方，也仅能补偿枯水年份水源缺口。面对完整流域被行政区划条块分割的现状，从全局出发建立流域生态补偿制度，实现上游水资源补给生态功能区的环境治理，涵养流域水资源，整合调度上下游水资源，逐渐回灌这些年超采地下水形成的漏斗，调蓄多年深层地下水，保障流域地下水水质，以实现水资源供水安全及可持续利用。

北京人均水资源量不足300立方，为全国人均的1/8，世界人均的1/30。水资源紧缺成为制约首都可持续发展的最重要“瓶颈”。近年来坚持以水资源保护为中心构筑“生态修复、生态治理、生态保护”的三道防线，实施开源与节流并举，促进市域水资源整合与开发，已取得了令人瞩目的成绩，但问题依然严峻。首先是21世纪以来连续枯水，水资源总量仅约24亿立方，缺水11亿立方以上；密云水库蓄水一直在10亿立方上下徘徊，可利用水量仅有2.9亿立方，官厅水库也只有1.3亿立方，城市缺水主要靠动用多年蓄水和超采地下水来解决。市域地下水可采储量平原区24.55亿立方，山区1.78亿立方，共26.33亿立方。 如果是枯水期仅够10年使用，因此地下水美其名曰“应急水源”。在这种供水形势下，“经有关方面批准，北京市采取了一种临时超采地下水的应急措施，并已付诸实施，取得了很好的效果。北京市这项应急备用地下水源工程，不仅解决了城市工农业及人民生活用水之急需，同时也提供了一个地表水、地下水跨区域联合调度的新途径、新设施，意义十分重大，为地下水的开采利用提供了一种新思路”。事实上，地下水超采已有数年，而且还在继续，如果按照上述可使用10年的说法，首都供水绝对不容乐观。深层地下水超采形成的漏斗区目前已达2000平方千米，并引起地面沉降，沉降点最大累计幅度已达850毫米；地下水埋深从1990年的10米到2005年已达到20米，水资源透支严重，出现了湿地萎缩、河道断流、井泉枯竭、地下水水质下降等一系列问题。如果继续超采深层有限的“应急水源”，这些现象还在加剧。

自1976年提出《南水北调近期工程规划报告》以来，对南水北调一直存在不同认识。2002年初完成《南水北调工程总体规划》，国务院《关于南水北调工程总体规划的批复》认为，“南水北调工程是缓解我国北方水资源严重短缺局面的重大战略性基础设施，关系到今后经济社会可持续发展和子孙后代的长远利益”。中线“将从根本上缓解北京市水资源紧缺矛盾，有效控制地下水的超量开采”，为新时期提供良好的供水安全。2008年建成的京石段，也只能引河北四库3亿立方水进京。即便如愿，首都“应急水源”的开采仍在继续。“应急水源”还是“常用水源”是决策者应该认真思考的大问题。国务院在批复中指出“先节水后调水，先治污后通水，先环保后用水”的原则，提出了实现节水、治污和保护生态环境的目标，这将是未来南水北调成功与否的关键。北京市根据国务院的要求提出了“节水为先、治污为本、科学开源、战略调水”的供水思路，节水和治污已是社会共识，但“科学开源”却是新课题。“科学开源”就是对区域水资源进行全面科学的研究与评价，开辟新水源。这里包括借鉴历史、研究水源补给区人地关系，包括城市调水范围和方向，流域上游水源涵养、生态环境的改善和治理、研究水资源承载力及其对策。事实上，由于行政区划条块分割把完整的流域分割开来，给上游水资源补给区被严重破坏的生态环境的治理与修复及上下游水资源的整合调度带来了极大困难，致使流域下游只能局限于市域内找水源，在应急时协调上下游关系。这种做法不能再继续下去了。

随着改革开放、城市规模扩大和工农业生产迅速发展，城市缺水日益严重，在素有“十年九旱”之称的京津唐地区，在水资源供给方面三市紧密地联系在一起，形成了水资源共享关系。在这个城市群体中，北京政治和文化中心、现代国际化大都市的地位越发凸显，对于供水安全提出了更高的要求。但枯水年份北京市域缺水量达10亿立方以上，即便21世纪初实现中线南水北调，供水北京10亿立方，仅能补偿目前水源缺口。国际社会关注的北京改善城市环境、扩大城市水面、提高生活质量带来的水资源需求迅速增长，在市域内又无可资开拓并满足需求的新水源的情况下，开辟并获取域外新水源已成为保障21世纪初满足北京水资源供给的紧迫任务。因此，北京继续增长的水资源需求不仅亟待解决，而且政策性很强，难度甚大。此项研究应结合流域内新农村建设，改善生态环境，涵养水源，恢复水质污染严重的饮用水源地功能，监测流域水质，以保障持续利用，同时涉及跨流域远距引水和近距供水的比较研究和方案选择，具有重要的科学理论意义，也具有重要的应用前景。

新时期首都供水缺口的发展趋势，迫切要求在积极促成南水北调中线工程供水北京10亿立方尽早实现的同时，努力抓紧对近距离跨流域引水工程的研究与探索，积极开展流域上游水生态环境的研究和改善，以保障21世纪北京不断增长的水源需求的供给。值得注意的是，全球性干旱的发展必将导致上游水生态环境的紧张，这就要求我们采取更多措施来保障水环境的安全，因此，有必要加强对上游水生态及科学开源可行性研究。

（1）全面查阅历史文献、档案和统计资料，复原不同时期人口、聚落、水井渠堰、土地利用、土地覆盖和退化、水资源状况和经济结构的空间特征，全面评价金元以来北京周边地区生态环境现状的由来，为复原区域最佳生态环境提供依据。深入研究历史时期北京水资源开发利用的全过程、系统了解北京水资源开发利用的历史经验。

（2）从流域实地考察与调查入手，进行综合性多学科研究。以行洪下泄径流量及其季节分配调查为主，对滦河流域及沿河各测站进行重点调查研究，收集气象、水文资料，同时加强对流域地下水与地表水资源及工农业和城乡生活用水的调查，特别注意跟踪官厅水库及其上游水质污染状况，辨识人文因素与生态要素之间的关系，捕捉生态环境演变的驱动力。

（3）对滦河流域和永定河上游洋河流域、潮白河流域及拒马河流域，做相应的考察和调研，获取可资对比研究的水资源资料，以便突出滦河水资源优势及其开发利用的可能性，考察滦河流域上游地质条件和地貌特点，借以论证修筑水利工程，引滦济京方案的可行性。

（4）关注地方政府涵养水源与保障供水的政策及对当地群众供水传统和供水意识的调查与对比研究。建立健全与水资源供给相关的体制和制度，养蓄流域多年超采深层地下水，保障长期有效供水安全。

（5）坝上坝下地区是京津唐主要水源补给区，又是北京、天津的重要风沙源和风沙通道，配合国家京津风沙源治理工程开展相关研究，为防沙治沙、涵养水源提供新思路。

表面上看该建议属于国家行为，应该由国家承担调研费用，但是多少年来，除南水北调中线方案外，没有哪一个政府部门关注流域上游生态补偿和上游水资源涵养及上下游水资源整合调度，调蓄多年超采深层地下水这一重要问题。北京作为首都，应率先开展流域上游水资源状况和生态补偿机制的调研，建议北京市政府及发改委支持非市属单位开展这一敏感课题的调研活动，并将调研成果及时上报国务院及有关职能部门，最终由国务院协调解决流域生态环境、涵养上游水资源、养蓄多年来超采的深层地下水，从根本上解决流域供水安全问题。从目前看，在完整流域被行政区划条块分割的情况下，也只能采取这种“曲线”形式，推动、协调并完善不同行政区间的合作，最终解决北京水资源问题。

根据《中华人民共和国水法》“开发利用水资源……兼顾上下游、左右岸和地区之间的利益，充分发挥水资源的综合效益”的原则及北京城乡供水已长期受益的事实和北京城乡供水的长远利益，建议北京市在保护和治理潮白河上游生态环境、开发和利用潮河、白河上游水资源方面，加强与河北省张家口市、承德市的联系与交往，逐渐增加上游生态补偿性治理与开发投资，逐步建立流域生态与生态补偿机制；加强经济社会互补诸领域的联系与合作，提供尽可能多的优惠政策，带动潮河、白河上游地区经济社会的发展和环境改善；以保护并进一步调动两流域干群治理上游水土流失，改善生态环境和保护上游水源的积极性与劳动热忱，推动并加速潮白河流域水源涵养与开发的进程。

第一，针对市域内潮白河流域各水系仍存在着地下水位持续下降、生态环境脆弱、河道两岸绿化水平低、局部河段污水入河等问题，仅2011年，北京市政府就投入大约149亿元实行综合治理。实施综合治理后，市域内潮白河流域水源地一二级保护区及水库上游主要河道将达到无污水直排，垃圾实现统一收集、无害化处理的要求。但目前严重存在的省市间经济社会、生态环境及水资源利益明显反差，仍需引起国家和北京市政府的关注。

第二，在北京水源的上游，在建立跨区域有偿用水和生态补偿机制方面，北京市与张家口市、承德市已进行了有益的尝试。首先是2006年，北京市投资赤城县启动实施了“退稻还旱”工程，在黑河流域退稻还旱1.74万亩，每亩补偿330元，积累了稻改旱、生态补偿的经验；至2007年，又在白河流域退稻还旱1.46万亩，全县共退稻还旱面积达3.2万亩，并扩大实施到潮河上游承德市两县。在潮河流域的滦平、丰宁两县分别推行稻改旱3.6万亩和3.5万亩，三县共计10.3万亩，每亩补偿450元，共补偿资金4635万元；2008年开始，每亩补偿增加到550元，三县共补偿资金5665万元。按正常年计算滦平县年可节约灌溉用水1260万立方米，赤城县每年可为北京多供水大约2000万立方米。

第三，近期，在潮河、滦河和白河上游的考察，发现稻改旱项目改种节水型大田农作物，节约了水资源，也减少了农药、化肥对河水的污染。北京、天津上游水源地的涵养保护、开发与利用，不论在什么时候都要放在北京市和天津市用水战略的重要位置，不断加强投入力度。

第四，南水北调工程，在一定程度上缓解了京津地区水源短缺问题。南水北调中线一期工程2014年底通水，京津市民开始饮用长江水。但还要注意南水北调中出现的各方面消极影响，尤其是供水北京、天津各10亿立方米的计划何时真正落实。因此，希望各界注意正反两方面的影响，需要长期调研，最大限度发挥其积极作用，并力争将负面影响降到最低。

第五，京津冀一体化发展过程中，水资源问题过去和现在都一直是值得关注的社会经济发展瓶颈。从长远角度看，京津冀依然存在水资源无法满足供给的问题。还需要考虑上游生态环境保护与建设、涵养上游水源地、建设完善的流域生态与生态补偿机制，下游地区仍需继续进行污染防治、城市防洪治理、湿地环境保护，以保障京津冀水资源的持续利用。

第六，北京供水上游有密云、官厅、云州、白河堡、十三陵、怀柔等大中小型水库，还有唐山潘家口、大黑汀水库，南水北调的水源地丹江口及沿线各大中型水库，都为北京供水做出了重要贡献。尤其值得社会各界注意的是北京水源地的上游，涵养水源任务艰巨。由于北京长期超采地下水，导致地下漏斗区面积扩大，在南水北调工程缓解京津地区水源短缺之后，希望通过涵养北京地区上游水源，抑制漏斗区扩大，逐渐减少并恢复漏斗区的原貌，改善湿地环境，为北京城市供水做出贡献。

附　录

水资源研讨会议发言

北京是缺水城市，供求矛盾突出人所共知。而且大家出了不少主意，想了不少办法，总结起来无非是“开源”和“节流”。数十年来，在“开源”和“节流”这两个方面政府都做了不少工作，成绩很大，在某种程度上缓解了水资源的供求矛盾。

其实，在“节流”方面，我们还有文章可做。目前国际上盛行的“3R”政策，即节水（Reduction）、重复利用（Reuse）、循环利用（Recycle），来争取水资源消耗的“零增长”。提倡节约用水、污水处理再用，提高农业灌溉和工业用水的效率，目的在于避免“跨流域调水”的艰巨工程。因此，21世纪人类对水资源开发管理的观点重在“节流”，而不是“开源”。以美国为例，其水资源按人均比中国多好几倍，但在过去的20年间，即已开始实施节水措施，收到好的效果。1975—1985年，全国每天总用水量一直停留在13.7亿立方米左右，计划到2000年下降到12.5亿立方米左右。主要措施是提高工业用水的循环利用率及处理城市污水重复利用，以保证取水总量不增加。自然，美国重视节水技术的提高和更新也是重要的原因。

目前的中国，尤其是北京，要在短时期内实现水资源消耗的“零增长”，显然是很困难的。但是，必须朝着这个目标努力才好。要想实现或达到这样的目标，我们有许多工作要做，诸如用水和管水的体制、技术及观念等都必须实行大胆扎实的改革。

如改变“消费型水价”为“节水型水价”，就必须改变那种水是上天恩赐的自然资源、不存在什么价值的传统观念，这当然要提高水价。

水资源的规划、调控、供给和治理，在行政上应实行一体化。从国际大城市的管理经验来看，缺水的特大城市，必须采取地表水、地下水、污水乃至外调水等多水源综合、统一管理措施，才是有效的。而我们在这一点上恰恰相反。多头管理体制直接造成了水资源管理、供给、利用和治理之间的不协调，大大削弱了水资源的利用效益及防治污染的能力。新时期，在这方面应该有所变革。

农业节水，北京郊区自1980年后期推行喷灌以来，喷灌技术已推广到市辖各县。全面实行节水灌溉，已指日可待（喷灌节水40%—50%，喷灌工程投资可在4年左右收回）。而首都工业节水潜力很大，但困难严峻，这主要是因为20世纪50年代以来，变消费城市为生产城市，逐渐建立起来的庞大重工业中心，这恰恰是北京水资源短缺、环境污染的根本原因。首钢和燕山石化作为政府的两大财政支柱，很难疏散开。只能靠更新设备和工艺，减少水耗。生产1吨钢耗水25吨以上，美国只不到5.5吨水；中国造1吨纸，需450吨—500吨水，而德国重复利用，只需要7吨水。同时，依靠科技，提高工业用水的重复利用率，也会带来工业节水的良好前景。

同时，加大污水处理力度和重复利用的强度，增加效率，实现污水资源化，经过一定时间的努力，实现水资源消耗的“零增长”，也是有可能的。但是，这需要一个过程。因为无论是改革技术还是更新设施，都要以大量资金为依托，需要一个漫长的过程。这也是中国特殊国情决定的。面对这一国情，一方面要努力创造条件，为实现水资源消耗“零增长”而努力；另一方面，还是要考虑跨流域调水的问题，这是解决水资源供给的一个过程或组成部分。这方面我们提出了多种方案和设想，目前的问题是要进行比较和分析，到底实行远距离跨流域调水还是近距离调水有效、有利。在方案的设立中，多比较优劣得失，对我们当前资金短缺的现状会有裨益。我向大会提供的论文是提倡近距离跨流域引水，在这里就不多讲了。

一个非常重要的设想是，通过近期的开源能为市区和郊区提供较为充足的回灌用水，有效补充地下水资源，进行合理的地表水和地下水调蓄，解决水资源水位下降造成的规模漏斗，改善北京地下水环境。

1995 年 5 月

三峡库区移民研究意向报告

20 世纪 90 年代初以来，先后得到国家教委和国家自然科学基金项目经费的支持，对山东、河北等省市 160 多处大中型水库区移民问题进行了调研。其主要成果已以《实行非农化转移是库区移民工程的根本出路》和《论库区贫困与库区发展》为题先后发表在《北京大学学报》和《中国人口·资源与环境》等国家级核心期刊上，并产生了不小的社会与学术影响，二文被收入文集及教学参考书达八次之多。其中大量的统计数据表明，这些成果不仅仅是单纯的学术问题研究，而且具有较强的社会实践价值和库区移民工作借鉴意义。

在调研基础上提出的若干建议，如对库区进行综合调研，摸清库区人口、资源、环境及社会经济现状，确立库区资源与环境的人口承载力及打破库区单一农业经济形式等，在三峡库区也已立项调研。这无疑将为三峡库区移民工程的妥善解决打下良好基础，这是移民局有关领导的重要举措。

但是，目前的调研全部集中在三峡库区范围之内，笔者认为还是不够的。最简单的道理就是封闭必然导致局限，无法从根本上解决淹没区移民大量后靠造成的人地关系的尖锐矛盾，也很难在保证移民拥有半亩田的情况下实现库区人地关系的良性循环和库区经济社会的持续发展。拥有半亩田的库区也是山区农民在单一农业经济形式下和相对封闭的环境中生存，这本身就隐伏了贫困的种子。在大中型库区的调研中所见这种事实是相当具有说服力的。

在大中型库区移民调研中，归纳了四种移民方式，其中移民就地后靠、远迁和投亲靠友近距离疏散占移民总量的绝对多数，遗留和造成的社会经济与资源环境问题也最严重，且长期难以得到良好解决。而实行非农化转移人口比重最小但效果最好。某些库区如此操作的结果也为库区移民实行非农化安置提供并积累了宝贵经验，可以借鉴。

按《中华人民共和国水法》第十三条关于“开发利用水资源……兼顾上下游、左右岸和地区之间的利益，充分发挥水资源的综合效益”的精神，至少将库区移民中年龄在 18 周岁至 25 周岁知识青年及 26 周岁至 35 周岁男性单身青年在库区流域内大中城市实行非农业安置是拥有法律依据的。但在目前大中型企业职工大量下岗和行政事业单位裁员的情况下，无形中为库区移民实行非农化转移设置了巨大障碍。

事实上，流域大中城市中的某些岗位如运输、矿山、园林、清洁等常是下岗职工不屑一顾的行业，而由大量来自周边农村的临时工占据。清退其中的大部分并挖掘其他行业用工潜力的关键，是开展流域内大中城市用工调查，摸清情况，为国家和政府制定有关政策提供事实依据。而进行这类调研不仅涉及城市多范围广，而且走访部门多、资料难度亦大。但在已有调研经验和调研成果的基础上开展这项工作是有成功把握的。在组织多学科调研、获取数据基础上，提出实施方案和实施规模的论证。该项调研与移民局规划办已审批安排的两个库区内调研项目相辅而行，必定会对三峡库区移民问题的最终良好解决产生深远影响。因为大量工作实践和调研结果均以无可辩驳的事实证明，就库区论库区，尤其对移民来讲只能是事倍而功半。

至于调研结果和方案的实施，相信北京大学有能力有条件协助移民局通过影响政府制定相关政策，得以推行实施，这也符合中央提出的“拓宽移民安置门路”的思路和方针。

当然，在没有实施该项调研之前，全部设想都只能是空谈。盼移民局规划办和局领导能够理解和支持该项调研，以扭转三峡库区移民工作的传统思路和被动局面。

详尽的调研思路和方案设计愿在得到初步认同后提出。

请规划办和移民局领导审批。谢谢！

北京大学城环学院教师韩光辉

1999年9月13日

人力资源变动特征及其开发与管理研究总结

人力资源变动特征及其开发与管理的研究是一项重要的应用基础研究。水库区作为人文区域，由于水库兴筑、人口后靠直接导致突发性人地关系的尖锐矛盾。由于库区人口严重超负荷运转，又直接造成库区贫困，给库区人口资源环境与经济社会协调发展带来严重挑战。调研发现只有通过实行库区人力资源向下游受益地区的非农化转移，一方面减少库区人力资源浪费，减轻人地关系矛盾才能真正解决库区高投入低产出的问题，实现人地系统协调发展；另一方面下游受益地区吸纳一部分素质较好的青年劳动力，分担国家在库区建设中的困难，也是保证水库设施延长使用寿命，保障下游安全的重要举措。为此要有专门行政机构实施，组织调研，摸清情况，为库区人力资源转移做好准备。

主要研究内容和研究方法：

主要侧重在区域人力资源，具体讲，即库区人力资源变动特征及其开发战略方面的研究上，库区是因水库建设形成的特殊社区，由于过去政策不配套，遗留问题较多，经济落后，矛盾复杂。

改革开放以来，政府扶贫给予较多关注，但高投入、低产出运作方式局限了库区经济社会的发展，其中人力资源超载、人力资源低素质是问题的关键。为全面认识库区问题，主要采取了社会调研的方法，在社会调查了解全貌的情况下进行了比较分析。

主要研究结果：

通过社会调研和对比分析，对库区人力资源的迁移总结出四种方式，其中就地后靠直接导致库区人地关系的突发性尖锐矛盾，是库区贫困的直接根源，同时也造成了库区人力资源极大浪费。而非农化转移库区人力资源，尽管在数十年间数量有限，却是开发利用库区过剩人力资源的有效途径。

而且在调研中发现，烟台市为了缓解城市用水紧张局面，同时也为了开发利用门楼水库剩余人力资源，帮助库区脱贫致富，加大了将库区人力资源向下游城区非农化转移的力度，将库区4400余名青年劳动力安排到城市事业单位，收到了良好的社会经济效果。由此得到启发，将一批有一定文化素养的男女青年吸收到企事业单位，一方面有效地开发利用了库区过剩的人力资源，另一方面又缓解了库区人地关系的尖锐矛盾，是可以在一定范围内推行的举措。

事实上，按《中华人民共和国水法》关于兴办水利事业、兼顾上下游、左右岸利益的精神，完全有理由也有可能将库区人力资源向下游实行非农化转移。因此，本项研究首先提到了“实行非农化转移是库区移民工程的根本出路”的战略构想，同时还较为系统地提出了实施这一构想的战略措施：第一，成立各级权力职能机构实施水库区移民、建设和发展；第二，确定水库区人口承载力和下游受益地区企事业单位接纳与安置水库区人力资源的潜在力；第三，控制水库区生育规模，打破水库区单一农业经济传统形式；第四，先试点后推行等。

向下游地区非农化转移库区人才资源是以《水法》为依据的创新之见，此前没有人提出过。

科学意义和应用前景：

这是一项应用基础研究，其科学意义首先在于提出库区人地关系的突发矛盾不仅是库区贫困的根源，同时也是国家高投入而库区低产出经济运作方式的根源。如果希望解决库区人地关系的矛盾，推进库区经济社会的发展，必须从解决库区人地关系的尖锐矛盾入手。而库区土地资源，矿产资源的有限性决定了解决库区人地关系矛盾，必须从转移开发库区人力资源入手。因此该项目研究的科学意义是明显的，而且应该具有应用前景。尽管目前主管部门还囿于某些传统习惯，以各种理由阻难这一思路的实施，但将来总有机会得到认可和实施的。因此，项目主持人还希望继续这一研究，获取更坚实的证据。

该项研究的成果均发表在核心期刊上，已受到学界的重视，如《高等学校文科学报文摘》1997年第3期以《库区人口非农化转移的战略》为题转载了《实行非农化转移是库区移民工程的根本出路》的内容，同时该文还被西南师大商学系编入《区域经济开发与借鉴》教学参考中，列为教学参考材料。四川社科院曾因此文有见地而被邀请参加有关研讨会。

项目完成情况及存在问题：

人力资源的研究是以广泛的社会调查为基础的研究，尤其是涉及大范围的调查研究经费需求较大，因而结合经费的实际情况，选取目前最受关注的库区移民问题作为人力资源研究的主要内容。事实上，库区调研所需经费比较多，好在区域选取得当，得到了较多的收获，因而提出了上述战略思路。总体上来看，收缩研究区域是对的，完成情况良好。

存在问题是经费限制，未能对某些重点库区人力资源进行更深入、更细致的调查。这一点希望在下一个课题中解决。

“人力资源变动特征及其开发与管理研究”针对库区，在经费允许的范围内进行了大量的实地调研，得到了大量实证材料，因此提供的研究成果，尤其是提出的“实行非农化转移是库区移民工程的根本出路”战略构想是切合库区经济社会发展实际的结论，具有较高学术水平，已受到学术界的重视。因此项目完成质量较高。

后 记

研究北京的水资源问题，是一个重要课题，得到了国家自然科学基金《金元建都以来北京水源上游生态环境演变对北京地区水资源开发利用的影响及启示（41071074）》和北京市哲学社会科学规划项目《北京水资源的应用历史地理学思考与研究（09AaLS043）》的支持，在此表示衷心的感谢。本来应该做更多的考察与调研和更深入的研究，因身体原因，大概只能做到目前的地步，但是在有条件和时间的时候，还到北京郊区考察，亦时常得到已毕业学生和朋友陪同，还有他们的自驾车可以使用。关心北京水资源的同事还真不少。作为历史地理学者，还关心着黄河流域和海河流域水资源状况，有机会就去考察和调研。

参加本课题考察与研究的学者有韩光辉、尹钧科、宋豫秦、李新峰、朱永杰、王长松、江磊、向楠、王洪波、何文林等。完成写作的有韩光辉、尹钧科、王洪波、何文林等。韩光辉除了课题的设计与申请外，完成了本书的前言、第三、第五、第六及结论部分，以及全文的统稿；尹钧科完成了第一部分；王洪波完成了第四部分；何文林完成了第二部分写作。文字处理及第四部分插图由王洪波完成，田海也做了部分工作。课题主持人韩光辉因身体原因，在北京郊区及周边的历次野外考察中，夫人马永菊全程陪同并细心照料。水库与水资源关系密切，上游水库经常提供给下游城市、聚落以水源，北方缺水城市经常得到水库水资源的接济，所以在这里把二者联系起来，对相关问题进行研究。参加水库区考察和调研的师生有韩光辉、张景芬、吴月照、陈国忠、孙天胜、贾宏晖、陈喜波、李小波、韩昕岐等。对参加考察、研究、撰写的学者，表示感谢。

在历次考察北京水源上游地区水资源过程中，由北京市水务局及河北省承德市、张家口市、保定市、唐山市市县有关同志参加并提供了诸多方便；在山东水库区及河北、河南、湖北水库区的调查中，省水利厅及有关市县同志也提供了诸多便利；中国国际广播出版社诸位同志付出了辛勤的劳动。以上同志的帮助让我们的工作达到了预期效果，才有了这本书的问世，在此一并表示感谢。

这是一个京津冀协同发展的研究成果，竭诚欢迎专家学者对书中存在的缺点和错误提出批评指正。

韩光辉

2019 年 4 月 28 日

北京大学逸夫二楼

参考文献

1.［汉］司马迁 . 史记［M］. 北京：中华书局，1972.

2.［汉］郑玄 . 礼记注［M］. 四部丛刊影宋本 .

3.［晋］陈寿 . 三国志［M］. 北京：中华书局，1959.

4.［北魏］郦道元 . 水经注［M］. 清武英殿聚珍版丛书本 .

5.［唐］李延寿 . 北史［M］. 北京：中华书局，1974.

6.［宋］范晔 . 后汉书［M］. 北京：中华书局，1965.

7.［宋］乐史 . 太平寰宇记［M］. 上海：商务印书馆，1936.

8.［宋］宇文懋昭撰，崔文印校证 . 大金国志［M］. 北京：中华书局，1986.

9.［元］陶宗仪 . 南村辍耕录［M］. 四部丛刊三编景元本 .

10.［元］脱脱等 . 金史［M］. 北京：中华书局，1975.

11.［元］脱脱等 . 辽史［M］. 北京：中华书局，1974.

12.［元］熊梦祥 . 析津志［M］. 北京：北京古籍出版社，1983.

13.［明］明世宗实录［M］. 台湾“中央研究院”历史语言研究所影印本，1962.

14.［明］陈子龙编 . 明经世文编［M］. 北京：中华书局，1962.

15.［明］蒋一葵 . 长安客话［M］. 北京：北京古籍出版社，1994.

16.［明］李贤 . 大明一统志［M］. 清文渊阁四库全书本 .

17.［明］刘侗，于奕正 . 帝京景物略［M］. 北京：北京古籍出版社，1982.

18.［明］宋濂等 . 元史［M］. 北京：中华书局，1976.

19.［明］徐贞明 . 潞水客谈［M］. 清粤雅堂丛书本 .

20.［清］清世宗实录［M］. 北京：中华书局，1986.

21.［清］清高宗实录［M］. 北京：中华书局，1986.

22. ［清］福祉 . 户部漕运全书［M］. 清光绪刻本 .

23. ［清］贺长龄，魏源等编 . 清经世文编［M］. 北京：中华书局，1992.

24. ［清］弘历 . 清文献通考［M］. 清文渊阁四库全书本 .

25. ［清］李逢亨 . 永定河志［M］. 北京：学苑出版社，2013.

26. ［清］李鸿章 . 李文忠公奏稿［M］. 民国景金陵原刊本 .

27. ［清］李卫修 . 畿辅通志［M］. 清文渊阁四库全书本 .

28. ［清］林则徐 . 畿辅水利议［M］. 清光绪刻本 .

29. ［清］穆彰阿修 . 大清一统志［M］. 四部丛刊景旧抄本 .

30. ［清］王先谦 . 东华录［M］. 清光绪十年长沙王氏刻本 .

31. ［清］吴长元 . 宸垣识略［M］. 北京：北京古籍出版社，1982.

32. ［清］杨守敬 . 水经注疏［M］. 南京：江苏古籍出版社，1989.

33. ［清］胤禛 . 雍正上谕内阁［M］. 清文渊阁四库全书本 .

34. ［清］于敏中等编纂 . 日下旧闻考［M］. 北京：北京古籍出版社，1981.

35. ［清］张廷玉等撰 . 明史［M］. 北京：中华书局，1974.

36. ［清］张之洞修，周家楣，缪荃孙等编纂 . 光绪顺天府志［M］. 北京：北京古籍出版社，1987.

37. ［清］朱一新 . 京师坊巷志稿［M］. 北京：北京古籍出版社，1982.

38. ［民国］赵尔巽等撰 . 清史稿［M］. 北京：中华书局，1977.

39. ［民国］林传甲 . 大中华京兆地理志［M］. 北京：中国印刷局，1919.

40. ［民国］宋哲元，梁建章 . 察哈尔通志［M］. 台北：文海出版社，1966.

41. Pagiola S. Payment's for environmental services in Costa Rica［J］. Ecological Economics，2008，65（4）：712-724.

42. 北京市计划委员会国土环保处编 . 北京国土资源［M］. 北京：科学技术出版社，1988.

43. 蔡蕃 . 北京古运河与城市供水研究［M］. 北京：北京出版社，1987.

44. 邓辉，罗潇 . 历史时期分布在北京平原上的泉水与湖泊［J］. 地理科学， 2011（11）.

45. 杜万平 . 完善西部区域生态补偿机制的建议［J］. 中国人口 · 资源与环境 ，2001（3）.

46. 方妍 . 国外跨流域调水工程及其生态环境影响［J］. 人民长江，2005（10）.

47. 高丽，王继涛 . 南水北调对生态环境影响综述［J］. 水利科技与经济，2008（2）.

48. 龚胜生 . 元明清时期北京城燃料供销系统研究［J］. 中国历史地理论丛，1995（1）：141-159.

49. 韩光辉 . 开拓北京水源的思考［J］. 自然资源，1994（4）.

50. 韩光辉，王林弟 . 新时期北京水资源问题研究［J］. 北京大学学报（哲社版），2000（6）.

51. 韩光辉 . 北京历史人口地理［M］. 北京：北京大学出版社，1996.

52. 韩光辉 . 可持续发展的历史地理学思考［J］. 北京大学学报（哲社版），1994（3）：43-49.

53. 韩光辉 . 论库区贫困与库区发展［J］. 中国人口 · 资源与环境，1997（4）.

54. 韩光辉. 实行非农化转移是库区移民工程的根本出路［J］. 北京大学学报（哲社版），1997（1）：33-41.

55. 郝仲勇，刘洪禄 . 北京市水资源短缺及对策浅析［J］. 北京水利，2000（5）：17-18.

56. 河北省水利史志丛书·唐山市水利志［M］. 石家庄：河北人民出版社，1990.

57. 洪尚群，马丕京，郭慧光 . 生态补偿制度的探索［J］. 环境科学与技术，2001（5）.

58. 侯仁之 . 历史地理学的理论与实践［M］. 上海：上海人民出版社，1979.

59. 侯仁之 . 北京历代城市建设中的河湖水系及其利用［A］. 侯仁之文集 . 北京：北京大学出版社，1998.

60. 黄秉维. 三峡水库淹没区农业人口安置问题的几点意见［J］. 中国水利，1993（5）.

61. 黄钟 . 南水北调，可能的后果［J］. 南风窗（半月刊），2007（1）.

62. 蒋超 . 明清时期天津的水利营田［J］. 农业考古，1991（3）.

63. 李成燕 . 明代北直隶的水利营田［J］. 文化学刊，2009（5）.

64. 刘昌明 . 南水北调对生态环境的影响［J］. 海河水利，2002（1）.

65. 刘桂环，张惠远，万军 . 京津冀北流域生态补偿机制初探［J］. 中国人口·资源与环境，2006（4）.

66. 罗廷栋 . 北京市的水源问题［J］. 城市规划，1993（5）.

67. 吕明权，王继军，周伟 . 基于最小数据方法的滦河流域生态补偿研究［J］. 资源科学，2012（1）.

68. 马可·波罗 . 马可波罗行纪［M］. 冯承钧译 . 上海：上海书店出版社，2001.

69. 毛显强，钟瑜，张胜 . 生态补偿的理论探讨［J］. 中国人口·资源与环境，2002（4）.

70. 阮本清，魏传江 . 首都圈水资源安全保障体系建设［M］. 北京：科学出版社，2004.

71. 沈佩君，邵东国 . 国内外跨流域调水工程建设的现状与前景［J］. 武汉水利电力大学学报，1995（10）.

72. 王丰年．论生态补偿的原则和机制［J］．自然辩证法研究，2006（1）．

73. 王培华．清代江南官员开发西北水利的思想主张与实践［J］．中国农史，2005（3）．

74. 王小民．21 世纪的水安全［J］．社会科学，2001（2）：25-29.

75. 文伏波，俞澄生．南水北调与我国可持续发展［J］．大自然探索，1998（3）．

76. 尹钧科，吴文涛．历史上的永定河与北京［M］．北京：北京燕山出版社，2005.

77. 于凤兰等．海滦河水资源及其开发利用［M］．北京：科学出版社，1994.

78. 岳升阳．双榆树古渠遗址与车箱渠［J］．清华大学学报（哲学社会科学版），1996（2）．

79. 张翔，夏军等．可持续水资源管理的风险分析研究［J］．武汉水利电力大学学报，2000，33（1）．

80. 中国大百科全书·水利［M］．北京：中国大百科全书出版社，1992.

81. 中国科学院地理研究所经济地理部．京津唐区域经济地理［M］．天津：天津人民出版社，1988.

82. 周文华，张克峰，王如松．城市水生态足迹研究——以北京市为例［J］．环境科学学报，2009（9）．

83. 左大康，刘昌明．远距离调水：中国南水北调和国际调水经验［A］．北京：科学出版社，1983.

84. 左大康等．华北平原水量平衡与南水北调研究文集［A］．北京：科学出版社，1985.

85. 北京市生态环境建设协调联席会议办公室．北京市生态环境建设年度发展报告［R］.2004.

86. 北京市水利局 . 北京市水中长期供求计划报告（1996—2000—2010 年）［R］.1996.

87. 承德市人民政府 . 河北省承德市生态农业建设总体规则（1997—2010 年）［R］.1998.

88. 水利部，北京市人民政府 .21 世纪初期首都水资源可持续利用规划［Z］.2001.

89. 中华人民共和国国务院 . 国务院关于南水北调工程总体规划的批复［Z］. 国函［2002］117 号，2002-12-23.

90. 中华人民共和国水法［N］. 人民日报，1988-01-23.

91. 北京市规划委员会 . 北京城市总体规划（2004—2020）［R］. 2004.

92. 北京市水务局 . 2010 年北京水资源公报［R］. 2011.